소통으로
장소만들기

소통으로 장소 만들기

◉ 김연금 지음

한국학술정보㈜

머리말

    처음 시작은 학부시절 한 수업시간에 들은 '마을만들기'에서 비롯되었다. 아직도 기억나는 대목은 "일본에서는 건물 외벽의 색을 바꾸려 해도 주민들 간의 합의가 필요하다."였다. 흥미로웠으나 더 이상의 발전은 없었다. 그러다 석사과정 중 조경과 사회·문화 간의 관련성에 관심을 갖게 되었고 관련 이론들도 찾게 되었다. 인문학적, 사회학적 소양을 넓히는 계기는 되었지만, 여전히 모호했다. 조경은 조경일 뿐이고, 인문·사회학 이론은 그냥 이론일 따름이었다. 그때만 해도 조경은 물리적 환경에 국한되는 작업이라고 여겼기 때문인 듯하다. 박사 과정을 밟으면서는 형편이 나아져, 마을만들기나 조경의 사회·문화적 측면에 대해 나름대로의 견해를 갖게 되었고 기회도 좋아 2002년부터는 한평공원이라는 프로젝트를 통해 새로운 시도도 해 볼 수 있었다. 그래서 완성된 것이 2004년 8월에 발표한 「소통적 조경 계획 및 설계에 관한 논문」이라는 박사학위논문이다.

    이 책은 박사학위논문을 수정·보완한 것이다. 제목을 '소통적 조경 계획 및 설계'에서 '소통적 장소만들기'로 넓혔고 내용도 이에 걸맞게 수정했다. 소통을 통해 우리의 공공공간을 계획하고 디자인한다는 것은 단순히 조경 분야만의 일은 아니기에 큰 무리는 없을 것이라 보았다. 더불어 '장소(place)'라는 단어가 '체험'을 축삼아 '공간(space)'과 대척점에 서 있는 표현이라면, '소통' 속에서 이루어지는 환경계획과 설계는 그 자체로 '공간'에 경험을 덧씌우는 '장소만들기'가 될 수 있다고 보았기 때문이다. 물론 이렇게 제목을 바꾼 것에는 조경 분야를 넘어서 많은 분들이 보아 주셨으면 하는 바람도 있다.

박사학위논문 이후, 여러 학회지와 잡지에 썼던 논문과 칼럼을 덧붙여 박사논문에서는 가볍게 다루거나 간과했던 부분을 보완했다. 특히 2005년 11월부터 2006년 10월까지 일 년간 영국에서의 연구는, 박사논문을 쓰면서 스스로 남겨 두었던 숙제에 많은 답을 주었을뿐만 아니라 안목과 학문적 범위를 넓혀 주었기에, 이 책에 많은 부분 수록했다. 이미 발표된 논문과 글 중 이 책에 부분 수록한 것들은 아래와 같다.

- 김연금·이규목(2004), 서울시청 앞 광장조성 관련 공론장에서의 의사소통에 대한 비판적 검토, 한국조경학회지 32(5), pp.11 − 22.
- 김연금(2006), 조경에 있어서 대화의 중요성, 국토 299권, pp.81 − 59.
- 김연금·마기로(2007), 영국(英國) 공원개발에 있어서의 파트너십에 관한 연구, 한국조경학회지 35(2), pp.1 − 12.
- Yun − Geum Kim, Maggie Roe(2008), The Role of Friends Groups in the Development and Management of Parks, Landscape Review(International Journal) 12(2), pp.32 − 49.
- 김연금(2006), 영국에서의 주민 참여 − 대화의 기술이 필요하다, 환경과 조경 2006년 9월호.
- 김연금(2008), 커뮤니티디자인, 환경과 조경 2008년 1월호.

박사논문에서 다루었던 사례는 2002년부터 2003년까지 진행된 것들이니 '최신'은 아니다. 더구나 2002년 조성되었던 원서동 한평공원은 많이 훼손되어 2008년 다시 조성되기까지 했다. 그래서 근래에 참여한 사례로 대체할 것인가를 고민하다 그대로 두었다. 장소만들기와 소통과의 관계에 대해서, 어떻게 지역주민들을 만나고 소통할 것인지에 대해서 가장 치열하게 고민하고 시도했던 사례들이기 때문이다. 이 세 가지 사례 이후 다양한 사례를 접하면서 당시 가졌던 고민은 다소 해결되었고 여유를 갖게 되었지만 문제를 의식하는 감성은 무더졌음을, 사례를 대하는 태도는 다소 타성화되었음을 고백할 수밖에 없을 듯하다.

***

근대화 과정 속에서 '장소만들기는' 관료화되었고 전문 분야에 포섭되었다. 여기에는 동전의 양면처럼 이득과 한계가 동시에 있다. 효율성과 전문화 등이 이득에 해당되는 키워드일 것이다. 그러나 여기에서 생산된 추상적 개념과 절차는 다양한 개인과 개인의 생활을 소외시킬 혐의가 크다. 철학자 김영민의 진단처럼 우리들의 구체적 일상 속에서 확인되는 경험의 세세한 흐름은 행정이나 전문가들의 합리적 사고와 그들이 만들어 낸 추상적 개념과 절차로 다루기에는 너무나 다양하고 복잡하기 때문이다. 또 세분화를 동반한 전문화는 전문가와 주민 간의, 전문가 간의 벽을, 나아가서는 불화를 야기할 수도 있을 것이다. 하버마스식으로 표현하자면 사회적 행위인 장소만들기를 도구적, 전략적 행위로 이해하고 실천했기 때문이다. 도구적, 전략적 행위는 특정 목적을 달성하기 위한 수단일 뿐이기에 목적 자체에 대한 성찰이 없으며 목적 달성에 유효한 행위이면 합리적인 것으로 보기 때문이다. 또 상대방을 자신의 목적 달성을 위한 수단적 대상으로 여긴다. 이에 대한 극복 방안도 하버마스에게서 찾자면 장소만들기 또한 소통적 행위로 이해하고 실천하는 것으로 여긴다. 본서는 이와 같은 내용을 배경 삼아, 소통적 장소만들기의 이론적 토대를 구축했고 실천을 위한 조건과 방법을 제시했다. 또 사례 연구를 통해서는 추상적으로 제시한 접근방법이 현실세계에서 어떻게 구체화되는지를 살펴보았다.

　장별 구성을 대략적으로 살펴보도록 하겠다. 먼저 제1장은 합리화 과정 속에서의 장소만들기가 봉착하게 된 문제 지적에서 시작한다. 사회적 합리화와 문화적 합리화라는 두 가지 측면에서 문제를 도출했다. 그리고 해결방안으로 '소통적 조경계획 및 설계'를 제시하고 이에 대한 이론적 토대를 구축했다. 이를 위해 먼저 하버마스의 의사소통행위이론과 소통적 계획이론에 대해 고찰했는데 소통적 계획이론에 대한 검토는 '소통행위이론'과 '장소만들기'를 연결하는 매개의 역할을 하게 된다. 계획 분야에서의 소통행위이론 수용의 입장과 실천에 대한 태도는, 장소만들기에서의 소통행위이론 수용의 타당성과 방향 설정에 기준이 되며 실천에 있어서 가질 수 있는 오류들을 예측하고 피할 수 있도록 도와줄 것이다. 물론 그 둘의 차이에 대한 검토도 간략하게 다루었다. 마지막으로 소통적 장소만들기가 만들어 낼 다양한 가능성에 대해 살펴보았다. 공공성의 증진, 장소만들기에 있어서의 '진정성', 사회교육과 사회자본 형성 등이 그것일 것이다.

제2장에서는 소통적 장소만들기를 실천하기 위해 어떠한 전환이 필요한지 살펴보았다. 거시적 차원에서는 사회제도의 변화가, 미시적 차원에서는 개별행위자들의 태도와 역할 변화가 필요할 것이며 이 둘이 맞물릴 때 효과를 극대화할 수 있을 것이다. 사회제도에 있어서는 다양한 주체들이 파트너십을 형성하고 소통할 수 있도록

도와주는 제도적 장치가 필요할 것이며, 개별행위에 있어서는 전문가는 문제해결자, 결과물 생성자에서 소통의 촉진자로 나아가야 할 것이다. 이와 함께 참여자로의 주민들의 역할도 필요할 것이다. 전환에 대한 각각의 모델은 영국 사례에서 살펴보았다. 물론 이는 정답은 아닐 것이며, 참조하되 우리만의, 우리한테 적합한 모델을 발전시켜야 할 것이다.

제3장에서는 소통적 장소만들기 실천에 대한 개념을 정리했고 실천방법과 전략을 제시했다. 본서가 이론적 토대로 삼는 하버마스의 이론은 윤리적 측면에서 공개적 토론에 대한 모델을 제시하는 듯 보이나 방법적 매뉴얼을 제시하지는 않는다. 그러나 실천을 전제로 하는 계획이론 분야에서는 이미 여러 학자들이 다양한 방식으로 실천적 대안을 내놓았다. 본 연구에서는 비평의 틀, 실천의 도구 두 가지로 나누어 이를 살펴보았고 그들의 시도를 '소통적 장소만들기'로 발전시키고자 했다. 특히 소통적 계획이론가들은 프래그머티즘 이론에서 실천지침들을 구하고 있는데, 본 연구에서도 프래그머티즘의 성찰과 심의를 통한 문제해결에 대한 주장을 검토

해 실천의 개념과 전략을 제시했다.

　마지막으로 제4장에서는, '한평공원'이라는 이름으로 도시의 자투리 공간을 소공원화한 사례를 다루었다. 한평공원 사례는 저자가 2002년 도시연대라는 시민단체와 함께 시작해 2009년 현재까지 이십여 개소가 만들어졌다. '한평공원'이라는 이름은 '한 평'이라는 작은 땅이라도 공원으로 만들자는 상징적인 의미를 지닌다. 전문가 영역에서는 주민 참여를 통한 계획과 설계라는 측면에서 의의가 있으며, '마을만들기'라는 시민운동적 차원에서도 의의가 있다. 신문, TV 등 다양한 언론 매체를 통해 소개되는 등, 사회적 관심을 많이 받았고 여러 시민사회의 활동에 영향을 끼쳤다. 본서에 수록된 세 가지 사례는 2002년부터 2003년까지 이루어졌고 저자가 주도한 사례이다. 이를 통해서 앞서 제시한 접근방법의 적용 가능성과 추상적인 접근방법이 실제 사례에서 어떻게 구체화되는지를 살펴볼 수 있을 것이다. 더불어 진행 과정에 대한 검토와 주민들과의 집중 면담 내용을 근거로 각각의 사례 연구를 평가했다.

***

본문에도 언급했지만, 자전거를 타는 방법을 안다고 자전거를 잘 타는 것이 아니듯이, 소통이니 커뮤니티에 대해 알고, 말한다고 해서 그렇게 행동하는 것은 아니다. 매번 행동은 의도를 비켜 간다. 여전히 소통에는 미숙하고, 더불어 사는 세상도 자주 잊는다. 미처 고치지 못한 오류와 함께, 이 책을 세상에 내보내는 일이 두려운 이유이다. 앞으로는 좀 더 잘해 보겠다는 결심은 그대로 허공에 흩어지기 쉽지만, 이 책을 계기로 나와 내 공부가, 실천이 새로운 경지를 맞을 수 있었으면 한다. 더불어 이 책이 우리의 장소 만들기에, 일상에 어떤 이야기 '꺼리'가 되었으면 하는 욕심도 부려 본다.

이 순간, 많은 분들의 얼굴과 성함과 감사의 말이 두서없이 지나간다. 한 장면을 포착해 글로 옮기기가 쉽지 않다. 먼저 이미 몇 년 묵은 나의 논문을 발견해 주신 한국학술정보에 감사드린다. 10년에 걸친 학부, 석사, 박사과정 동안 서울시립대학교의 배봉관 2층에서 맺었던 수많은 인연, 그 속에서 내가 자랐다. 그리고 많은 선생님, 어떻게 해도 감사의 말은 부족할 듯하다. 이 책 들고 찾아 뵙도록 하겠다. 어떤 치기가 그래도 남아 있을 시기에 만난 커뮤니티디자인센터 사람들, 장소만들기의 진정성에 대해 여전히 논할 수 있다는 것은 행운이다. 가족의 무심한 지지는 자유로우면서도 든든한 울타리이다. 감사합니다.

2009년 여름
김연금

차 례

I

장소만들기,
기계적 절차에서 소통으로

1. 합리화된 장소만들기의 한계

현대사회학의 창시자인 베버는 전통사회에서 근대사회로 이행하는 역사적 과정을 '합리화'라는 개념으로 파악하였고, 합리화를 두 가지로 구분하였다. 자본주의적 경제제도, 관료적 행정조직, 형식적 법의 출현 등은 사회적 합리화이고, 문화적 가치 영역의 분화와 그 자체의 고유논리에 의해 자율적인 영역으로 정립되는 과정은 문화적 합리화라는 것이었다. 그런데 그는 합리화에 대해 양가적이었다. 1918년 뮌헨대학에서의 강연은 이러한 태도를 그대로 드러냈다. 탈주술화와 기술의 발전을 촉진시킨 합리화는 어쩔 수 없는 우리 시대의 운명이지만 우리의 일상에서 궁극적 가치와 의미에 대한 관심은 퇴조하게 만들 수 있다는 것이다.[1] '가치 합리성'을 잃어버린 '목적 합리성'[2]에 충실한 근대화는 우리의 삶을 기술적으로 통제하고 제어하는 방식에는 탁월한 기량을 발휘하지만, 그 방식의 방향과 정당성에 대한 문제 혹은 그 방식이 삶에 대해 갖는 근본적 의미는 도외시했다는 것이다. 이와 같은 문제 지적은 두 가지의 합리화에 그대로 적용된다. 사회적 합리화에 따른 관료조직의 확대는 효율성이라는 측면에서 합리성을 증대시키지만 인간의 예속을 가져옴으로써 실질적인 비합리성을 증대시키고, 문화적 합리화에 따른 문화적 가치 영역의 내적인 진화과정은 전통적 가치통합의 상실, 정당성 위기 등을 가져온다는 것이다(김정인, 2000: 18).

서구의 근대성 논쟁에서 고전적 위치를 차지하고 있는 프랑크푸르트학파 1세대 학자들도 계몽주의에 그 내력을 두는 현대 기술사회의 목적 합리성을 비판하였다. 목적 합리성에 근거해 발전해 온 과학기술의 눈부신 성과는 인류에게 그 어느 때보다 물질적으로 풍요로운 삶을 제공했지만 그런 풍요로움의 이면에는 일순간 인류를 파멸로 이끌 수 있을 엄청난 재앙과 병리적 사태들이 곳곳에 산재해 있다[3]는 것이다. 전 지구적 차원의 생태계 파괴 등이 그 예일 것이다. 장소만들기도 근대화 과정 속에서 발전을 거듭하고 있지만, 베버가 합리화에 대해 양가적 입장을 취한 것처럼, 긍정적 성과와 함께 비판에서도 자유로울 수 없을 것이다. 이러한 비판을 베버가 합리화를 설명했던 틀이자 문제를 제기했던 틀인, 사회적 합리화, 문화적 합리화에 맞추어 들여다 볼수 있을 것이다.

1) 사회적 합리화, 그러나

베버가 사회적 합리화의 하나로 관료적 행정조직을 통찰하였듯이, 근대 이후 장소만들기도 관료적 행정조직과 행정절차에 따라 이루어지고 있다. 도시계획을 예로 들자면 기술적 측면이 강조된 종합적 계획이론이 도시계획과 관리의 주 모형이었다. 그런데 근래 종합적 계획이론은 가치중립을 지향하는 듯하나 권력에 정당성을 부여하고 통치자의 의지에 따르며, 자본주의 아래에서는 시장에 적극 개입하는 강제성을 취하게 된다는 비판을 받게 된다. 이러한 이데올로기적 성격으로 공공적 가치에의 기여 즉 공공성에 대한 공격을 받을 수 있다. 기술적 공간관리에서는 구체적인 생활세계에 대한 고려가 부족하다는 비판을 받는다(박형용, 1997: 80).

우리가 합리적인 도시생활에서 벗어나 느긋함을 즐기고자 하는 공원도 합리화의 산물이다. 도시계획으로서의 지역지구제(zoning ordinance)의 유형화와 더불어 하나의 '도시계획시설(소위 근린공원 개념)'이 되면서 우리의 일상으로 침투할 수 있었다. 1920년대까지 미국에서 수립된 공원체계에서는 공원의 위계와 한 지구에서 인구 천 명당 얼마만큼의 공원 면적과 레크리에이션 공간 면적이 필요한지 등에 대한 기준이 세워졌다. 여기에서 근린공원은 도심과의 거리에 따라 자주 찾는 공원과 가끔 찾는 공원 그리고 주말에만 찾는 전원 공원(rural park)으로 구분되고 성격이 부여된다(Galen Cranz, 1982: 82). 한국의 근대적 도시공원들은, 특히 최근의 대규모 주택사업에 있어서의 공원들은 대부분 종합적 계획이론의 원칙 하에 입지가 배분되었고 근린공원의 구분4)도 이의 영향을 받았다고 할 수 있다. 이에 장소만들기 또한 이데올로기적 성격으로 인한 공공성의 훼손, 생활세계의 간과 같은 문제들을 안고 있다.

먼저 이데올로기적 성격과 관련한 비판들을 살펴보자면, 마르크시스트들은 계획가, 환경 디자이너들, 조경가들이 도시의 건조환경(built environment)을 정비하는 것은 호화여객선 타이타닉에서 의자들을 재정리하는 것과 같은 의미를 지니며 자본주의의 몰락을 가져오기는커녕 오히려 계급의식을 완화시킬 뿐이라고 비판한다(Ian H. Thompson, 1999: 103). 크루(Katherine Crewe)는 환경계획가와 디자인에 대한 비판들을 세 가지로 정리한다. 첫 번째, 자본주의 사회에서 부와 번영(wealth and prosperity)이 주는 이익에 순응적이다. 두 번째, 이들이 만드는 공공공간은 비인간적인 사회적 계층화를 형성한다.[5] 세 번째, 논의 자체가 엘리트적이며 정치적으로 교묘하다는 것이다(Kyle D. Brown, 1997: 53).

이에 대한 반성에서 비롯된 것이 옹호적 계획(advocacy planning) 과 커뮤니티디자인이다. 옹호적 계획[6]이 계몽된 전문가들의 양심의 표현이라면 커뮤니티디자인[7]은 커뮤니티의 환경 문제를 해결하는 과정에 주민들을 포함시켜 민주적으로 진행시키자는 것으로 디자인 과정에 보다 관심을 갖는 것이다. 제2차 세계대전 이후 1960년대 미국에서는 신도시 건설 및 도로 확장 등 대규모 개발 계획이 증가했고 이는 옹호적 계획과 커뮤니티디자인의 등장 배경이 호적. 당시 형성되기 시작한 시민권리 운동의 영향으로 저소득층 흑인들은 자신들의 커뮤니티를 해체하는 재개발과 고속도로 건설 계획에 반대하기 시작했다(Randolph T. Hester, 1999: 14 - 15). 이에 대한 내용은 다음 장에서 보다 구체적으로 다루겠다.

이와 함께 환경계획 및 설계 분야의 전문가 집단 내부에서도 기존의 전문가 역할에 대한 반성이 일기 시작했다. 많은 건축가와 계획가, 조경가들은 그들 작업의 엘리트주의적 성격과 클라이언트와의 관계에 대해 다시 생각하게 되었고 물리적 의사결정 또한 정치적 의사결정이라는 것을 깨닫게 되었다.[8] 이에 일부 전문가들은 재개발 프로젝트나 고속도로, 컨벤션 센터(convention center) 건설에 대한 반대운동이 있는 커뮤니티에 들어가 의사결정 과정에서 소외되어 왔던 특정 집단을 지지하는 옹호적 계획을 펼쳤다. 이것은 전문가는 중립적이어야 한다는 기존의 관념을 벗어나는 것이었다. 그리고 전문가들은 주민들을 디자인 과정에 참여시키기 시작했다.

1960년대 버클리대 조경학과 교수였던 린(Karl Linn)은 가난한 사람들이 어린이 놀이터를 만들 수 있게 도와주는 등 대학생들과 함께 옹호적 디자인을 이끌었다. 그는 "(전문가는) 고립되고 분리된 미를 실천한다. 우리는 단지 백인의 중간계층 가족을 지원하려고 배운 것은 아니다. 환경적 요구를 존중하면서 '빵을 가진 자(breadwinner)'만이 아니라 여자들과 방황하는 청소년들을 위해서도 일해야 한다."고 전문가의 사회적 역할을 성찰했다(Jory Johnson, 1999: 86 - 87). 버클리대뿐만 아니라 많은 대학들이 지방정부와 함께 소외받는 지역사회에 봉사하기 시작했다. 매사추세츠 대학(MIT)에서의 "The Urban Places Project"와 일리노이대학의 "East St. Louis Action Research Project" 등이 그 예이다(Kyle D. Brown, 2002: 52). 이 외 헬프린(Lawrence Halprin)과 헤스터(Randolph Hester), 스펀(Anne Spirn)과 같은 개인들의 기여도 찾아볼 수 있다. 60년대 헬프린(Halprin)은 환경계획 및 설계에 최초로 워크숍을 도입하여 대규모 공공 프로젝트 진행에 시민들을 참여시켰고 다양한 워크숍 실험들9)에서 얻은 노하우를 정리하여 집단적 창조 과정인 '테이크 파트(take part)' 과정을 발전시켰다(Peter Walker & Melanie Siom, 1992: 156).

버클리대 교수인 헤스터(Hester)는 디자인 과정에 지역주민을 참여시키는 운동에 선구자적인 역할을 하였는데, 그는 '엘리트적 미학주의(elitist aestheticism)'를 비판하면서 커뮤니티에 근거하는 공간 디자인을 하기 위해서는 민중들(grassroots groups)과 함께 작업해야 함을 주장하였다. 그리고 70년대부터 다양한 커뮤니티디자인에 참여하면서 주민 참여 기법들을 발전시켰고 이를 토대로 여러 권의 책과 수십 편의 글들을 발표했다.10)

펜실베이니아 대학의 스펀(Spirn)은 1987년부터 도시 디자인에 대한 연구, 교육, 지역사회 봉사활동을 통합한 사회 참여 프로그램인 WPLP(West Philadelphia Landscape Project)를 주도하였다. 이 프로그램에서는 다양한 도시 디자인 사례를 연구하여 상의하달식 또는 하의상달식 결정 과정의 문제점을 지적하고 해결방안을 모색하였다.[11] 그리고 지역 내 근린 사회단체, 공립학교 교사 및 학생들과 연대하여 지역의 생활 여건 개선을 위한 공간 디자인 및 시공 등에 대해 검토하고 실제로 주민들과 직접 공지에 정원이나 녹지대를 조성하였다.[12]

이처럼 지난 30년간 환경계획 및 설계 분야에서는 물리적 환경이 갖는 정치적이고 사회적인 영향력에 관심을 기울여 왔고 민주적 실천을 촉구하는 등 많은 업적을 남겼다. 그럼에도 비판은 여전히 남아 있다. 전문가 대중을 대신하는 옹호적 계획에서 조차 전문가들은 자신들의 관심과 방법을 내세우기 때문에 대중은 여전히 청중으로 남는다는 것이 가장 일반적인 비판이다. 또 다른 하나는 전문가들은 일반적인 문제에 집중할 뿐 특별한 문제들에 관해서는 별 관심이 없다는 것이다. 즉, 전문가의 엘리티즘이 여전히 커뮤니티 구성원의 진정한 참여의 가능성을 막고 있다는 것이다 (Frank Fischer, 2000: 1 - 4).

합리적, 기술적 공간관리의 또 다른 문제는 표준화된 원리로 공간을 균질적으로 다뤄 일상의 구체성과 공동체성이 간과되는 것이다. 이는 뒤에서 다룰 전문가 중심의 장소만들기에 한계를 둔다. 렐프에 따르면 장소가 지닌 독자성에 대한 직접적이고 진실한 체험, 이렇게 되어야 한다는 관습적 · 사회적 · 지적인 틀을 매개로 하지 않는 체험, 어떠한 틀에 의해 왜곡되지 않고 전형화된 관례를 따르지 않는 말 그대로 참된 체험을 하려는 태도가 장소의 체험에 대한 진솔한 태도이다. 그리고 진솔한 장소만들기는 이러한 체험을 바탕으로 추구되는 것이다.[13] 그런데 추상적 공간체계와 표준화된 공간의 성격은 장소만들기의 효율성은 높이나 내부자들은 익명으로 다루어지고 그들의 체험과 일상에서 구축한 공동체는 고려되지 않는다.

하버마스는 이와 같은 현대도시 문제는 디자인의 문제라기보다 공간을 추상적으로 다루는 익명의 체계에서부터 비롯된다고 보았다.[14] 조경가 후드(Walter Hood)의 관찰은 이에 대한 구체적 예가 될 수 있다. 그는 1960년대와 1970년대 미국에서 일괄적으로 이루어졌던 도시의 소규모 정원 운동은 비록 커뮤니티 정원의 확산을 갖고 왔지만, 주민들의 일상에 부합하지 못하는 표준화된 프로그램으로 주민들이 외면하게 되었고 결국 커뮤니터 정원은 버려졌다고 관찰했다(Walter Hood, 1997).

그러므로 진솔한 장소만들기는 단지 결과물을 구체화하는 설계 단계뿐만 아니라 상위 단계인 도시계획 차원에서부터 고려되어야 한다. 여기서 "정부 주도의 하향식 장소만들기는 지역사회의 활력을 말살하기 쉬우므로 인간 자신과 인간문화, 조화롭고 지속 가능한 환경을 솔직하게 나타내는 장소를 만들기 위해서는 지역문화를 총체적으로 파악하고 이를 토대로 구성원들의 합의와 참여를 통해 상향식으로 시작해야 한다."라는 이규목(2002: 180)의 언급을 상기해 볼 수 있다.

2) 문화적 합리화, 그러나

위와 같은 관료적 공간관리로 인한 문제와 함께 전문가 주도의 장소만들기가 갖는 문제도 검토할 수 있다. 베버는 가치 영역의 분화와 전문화는 각 가치 영역의 발전 속도가 빨라진다는 장점을 가지나 각 분야에 대한 일반인의 접근을 어렵게 만들어 일상적 생활세계를 문화적으로 빈곤하게 만드는 부정적 결과를 야기한다고 보았다(장춘익, 2000: 267 - 268). 환경계획 및 설계 분야도 계층화, 세분화되는 내부적 발전을 가졌으나 그 과정 속에서 사회와의 연관성을 잃어 간다고 할 수 있으며 궁극적으로 이는 진솔한 장소만들기와 관련된다(Lynda H. Schneekloth & Robert G. Shibley, 2000: 130 - 140). 모더니즘 설계방법론은 분석적, 객관적, 정량적 성격이 강했다. SAD(Survey - Analysis - Design) 방법은 과학적 성격의 단면을 보여 주는 일례라 할 수 있다. 1969년 "Design With Nature"를 발표한 맥하그(Ian Mcharg)의 도면중첩기법(overlay mapping system)은 보다 강화된 과학적 방법을 발전시켰다. 그런데 꼬르뷔제의(Le Corbusier)의 모듈처럼 과학적 방법 속에서 일반 대중은 표준화되어 다루어지고 이들의 구체적이고 다양한 요구들은 누락되기 쉽다.

그래서 제시된 것이 주민 참여 설계방법, 이용 후 평가와 환경 - 행태 연구들이다. 그러나 잠재적 클라이언트의 견해를 반영코자 도입된 주민 참여 계획 및 설계조차도 어떤 규칙들을 따라야 하며 어떤 순서로 해야 하는지 등 합리적 절차를 강조하고 있다. 일례로 헤스터(Randoph T. Hester, 1999: 12 - 25)는 '① 듣기 ② 목적 설정 ③ 분석과 자료목록 작성 ④ 커뮤니티 개입 ⑤ 종합 ⑥ 요구하는 활동환경 그리기 ⑦ 특이성들을 고려한 형태 만들기 ⑧ 개념적 표준을 발전시키기 ⑨ 계획 스펙트럼 ⑩ 비용과 이익을 평가하기 ⑪ 권력 이양 ⑫ 시공 후 평가'라는 12단계로 구성되는 참여디자인 과정을 제시했다. 이는 참여를 증진시킬 수 있는 기법이기는 하나 의사결정을 이루는 과정 중에 나타날 수 있는 참여자들 간의 갈등과 상호작용은 다루고 있지 않다. 존스(Stanton Jones, 1999: 65 – 78)도 참여적 접근을 커뮤니티 차원에서 지역적 규모로 확대시키는 방안에는 관심을 갖고 있지만 사람들 간의 역동적 상호관계와 이해의 과정에는 관심을 갖고 있지 않다. 우리나라에서 이루어진 주민 참여에 대한 연구 또한 기법 중심으로, 이용자의 선호와 이해를 고정된 것으로 보면서 관련자 간의 역동적 상호작용의 과정은 다루지 않는 한계를 갖고 있다.

다른 한편, 지난 30년간 도시환경 연구자들은 환경 – 행태 연구(environment – behavior studies)를 통해서는 건조환경의 질을 과학적으로 분석한 결과를, 이용 후 평가(post – occupancy evaluation)를 통해서는 이용자들의 만족과 디자인 특성과의 관계에 대한 정량적 정보를 설계가들에게 제공해 왔다. 그런데 카퍼와 케노베취(Thomas Kapper & Richard Chenoweth, 2000: 149 – 155)에 따르면 연구자들은 분석적이고, 일반적 경우에 적합하도록 정보를 일반화하는 반면, 설계가들은 개개 경우의 특별함을 창조해야 하는 입장의 차이로 이와 같은 연구는 성공적이라 할 수 없었다. 그리고 김한배는 환경 행태 연구 방법론은 하나의 실제적, 복합적 현상을 해체 가능한 여러 요소들로 분리하여, 그들 간의 관계를 개념적 모형으로 환원하는 데 집착하는 나머지 실제의 복합적 현상으로부터 거리를 갖게 되고 추상적, 관념적 파악에 머무르게 된다고 지적한다. 그는 '달'과 이를 가리키는 '손가락'의 비유를 들어 환경 행태 연구자들은 '달(내용)' 보다는 방편으로서의 '손가락(형식)'에 집착한다고 비판하였다.[15] 그리고 많은 설계가들이 이용자들의 선호를 강조하는 것은 미적 표현을 제한할 수 있다고 여기고 이용 후 평가 연구결과를 등한시하였다. 이에 1990년대 이후로는 연구가 감소하고 있다(Thomas Kapper & Richard Chenoweth, 2000: 149 - 155).

이러한 과학적 과정과 함께 '예술성' 또한 전문가 문화와 대중 일상과의 분리에 대한 요인이 된다. 예술가로서 설계가의 직관을 중시하는 일부 전문가들은 대중과의 의사소통을 '전문가적 위험(professional hazard)'이나 '시간 소비'로 보고 있고 주민 참여 디자인이 '순수한 디자인'을 희석시키거나 경관의 질을 낮추는 결과가 있지 않을까 염려한다(Maggie H Roe & Maisie Rowe, 2000: 252). 일례로 하그(Haag)는 가스 워크 파크(Gas Work Park) 계획과 설계 진행 중 가졌던 대중과의 협의 과정을 묘사하면서 "디자인에는 절대적으로 대중 참여가 없었다. 사람들이 많은 열정을 갖고 있고 자신의 도시를 사랑한다고 해서 공원을 디자인하는 방법을 아는 것은 아니다. 공간에 대해서는 전혀 생각하지 않았고 공원에서 순수한 공간을 만드는 것이 얼마나 어려운지 생각해 보지 않은 사람들에게서 결과물을 기대할 수 있는가."라고 주민 참여에 대한 불편함을 드러낸다(Jory Johnson, 1991: 201). 또한 1996년 광장을 공원화한 우리나라의 여의도공원이 혁신적 디자인보다는 상투적 설계안으로 만들어진 이유를, 현상설계공모 심사과정에 비전문가 심사위원의 비율이 높았다는 것에서 찾기도 한다(조경진, 2002: 12 – 13).

물론 반대의 입장도 있다. 미국 비영리단체인 PPS(Project for Public Spaces)16)에서 27년 이상 장소만들기(placemaking)에 참여해 온 켄트(Fred Kent)는 전문가는 미를 너무 강조하는 나머지 도시를 변화시킬 수 있는 자신들의 중요한 역할을 간과하고 있다고 비판한다. 그에 따르면, 디자이너들이 형태(form), 모양(shape), 은유(metaphor)에 대한 자신들의 재능에만 집중한 결과 공원은 시각적으로 밋밋한 것(visual flat things)이 되었을 뿐이며 사람들을 유인하지 못한다(Susan Hines, 2002: 84 – 84).

2. 소통으로 장소만들기

1) 소통행위이론에서의 가능성 탐색

우리는 앞에서 합리적 절차가 된 장소만들기에 대해 회의적인 태도를 취했다. 이를 생산적 논의로 전환시키기 위해 소통행위이론을 제시했던 하버마스에게로 눈을 돌려 장소만들기의 새로운 가능성을 탐색하도록 하자. 합리화가 추진한 근대에 대한 비관적 입장들과는 달리 하버마스는 근대는 아직 미완성이므로 비판은 이르다고 보았다. 근대의 합리화에 대한 베버의 통찰이 목적합리성 측면에 과도하게 편중해 있고, 호르크하이머와 아도르노의 비판이론은 데카르트에서 칸트에 이르는 의식철학의 '마법을 깨뜨리려고 시도하면서도 의식철학적인 개념을 전략적으로 여전히 채택하고 있기 때문'에 한계가 있다는 것이다.[17] 합리성 자체에 문제가 있다기보다는 접근이 잘못되었다는 것이다. 이에 하버마스는 포괄적 합리성 개념으로 '의사소통 합리성'을 제안한다.

하버마스는 인간의 행위를 '사회적 행위'와 '비사회적 행위'로 나누었고, 사회적 행위는 다시 성공 지향적 행위인 '전략적 행위'와 이해 지향적 행위인 '의사소통적 행위'로 구분했다. 비사회적 행위는 자연을 대상으로 하는 '도구적 행위'이며 사회적 행위 가운데 '전략적 행위'는 타인에게 자신의 '의도'나 '목적'을 관철하기 위해 영향력을 행사하는 행위이다. 이에 반해 의사소통적 행위는 행위자 상호 간의 '이해 도달'을 목표로 이루어지는 행위이다. '목적 - 수단 연관'을 갖는 도구적 행위와 전략적 행위는 둘 다 목적 합리성이 지배하는 행위 유형으로 전통적 의식 철학의 '독백적 행위 모델'에 기초를 둔다.[18] 반면 의사소통적 행위는 의사소통 합리성을 기반으로 한다. 이것은 의식철학[19]의 패러다임에서 언어철학, 상호주관주의 철학으로의 패러다임의 전환이기도 하다.

〈표 1-1〉 행위의 유형

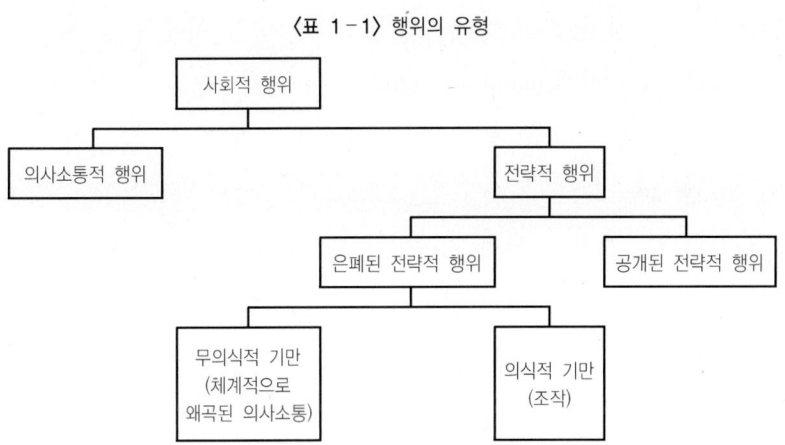

자료: Habermas, Jürgen, *Theorie des Kommunikativen Handelns*, 서규환 외 역, 『소통행위이론 1』(서울: 의암출판, 1995), p.374.

상호주관주의 철학은 프래그머티즘[20] 학자의 한 명인 미드의 상징적 상호작용의 영향[21]을 받았는데 미드에 의하면 정신이란 주관에 내재하는 현상이 아니라 두 유기체 간의 의사소통에 의해 생성되는 현상이라는 것이다(김득룡, 2003: 237). 개체 A의 몸짓에 개체 B가 반응한다. 이 반응이 B의 몸짓으로서 A의 자극이 되어 A의 반응을 불러일으킨다. 이것이 커뮤니케이션의 가장 원초적인 단위이다. 이 수준에서는 '개의 싸움'도 '애인들의 대화'도 같고, 이를 '제스처의 대화(conversation of gestures)'라고 한다. 그러나 인간의 커뮤니케이션은 동물들은 할 수 없는 특수한 몸짓, '음성 제스처(vocal gesture)'를 사용한다. 음성 제스처에 의해 인간은 상대에게 일으키는 반응을 동시에 자기 자신 가운데도 일으킬 수가 있다. 즉 사람이 다른 사람에게 말을 건넬 때, 그 사람은 자기 자신에게도 말을 건네고 있는 것이어서 다른 사람에게 불러일으키는 것과 같은 반응을 자기 자신 속에서도 불러일으킨다. 이때 음성 제스처는 '의미 있는 상징(significant symbol)'이 된다. 그리고 의미 있는 상징들을 통해 비로소 정신 혹은 지성이 존재할 수 있다(野村一夫, 2003: 26 - 27).

상징적 상호작용을 통해 정신이 존재하게 된다는 미드의 견해의 영향을 받은 하버마스에게 있어서 합리성은 인간들의 상호작용 속에서 성장한다. 즉, '언어적 상호 주관성의 차원'에서 구체적인 형태를 드러내는 '의사소통의 능력(kommunikative Kompentenz)'으로서의 '언어적 이성'이라 할 수 있다(선우현, 1999: 140). 그리고 여기에서 나 외의 타자는 '관찰자의 시점'에서 파악되는 객관적 대상이 아니라 나와 마찬가지로 말하고 행위 할 수 있는 능력을 갖춘, 상호 이해를 향한 동반자로서 인식된다.[22]

이러한 의사소통 합리성의 특징으로 포괄적 특성과 절차적 특성을 들 수 있다. 포괄적이라는 것은 이론적 - 명제적 지식의 차원뿐만 아니라 도덕적, 실천적 지식과 미학적, 실천적 지식까지도 포함하는 합리성의 개념을 설정하기 때문이다. 객관적 세계 내의 사태나 명제의 진위만을 다루는 좁은 의미의 합리성을 지양하는 대신 근대의 전개와 더불어 분화된 문화적 영역에 상응하는 과학·도덕·예술의 영역을 포괄하는 합리성을 지향한다. 문화적 근대화를 통해서 과학, 도덕, 예술은 서로 분화되고 이에 상응하여 합리성도 인지적 합리성, 도덕적·실천적 합리성, 심미적 합리성의 차원들로 분화된다. 그런데 이 세 가지 합리성들은 '내용의 차원'에서 상호 구분되어 나타나지만 '형식적 차원'에서는 '논증적 근거제시의 절차적 통일성'을 공유하고 있다. 이는 일상적 대화에서 드러난다. 일상세계에서는 어느 한 분야를 중심적인 배경으로 삼아 대화가 전개되는 경우에도, 다른 두 분야는 이미 전제되어 있다. 그리고 전문가 문화에서조차도 이성의 통일성은 절차적으로 보장되어 있다.[23] 가령 과학적 이론의 진위를 판별하는 토론에서, 참석자들은 그 사회를 규제하고 있는 도덕적 규범에 부합하는 태도나 자세를 견지하면서 토론에 임하게 된다.

절차적이라는 것은 상호 이해나 합의가 대화의 절차에서 확보된 '타당한' 근거에 기반하고 있기 때문이다. 절차적 특성에 있어서 가장 중요한 것은 의사소통적 합리성은 외적 강제 없는 자유로운 상황 속에서, 타당성 요구를 통한 담론 속에서 비판적, 해방적 잠재력이 드러난다는 것이다. 그런데 결코 자의적인 것이 아니라, 언어행위 자체의 발화수반적 행위에서 도출되는 것이다. 발화수반적 행위란 '내가 너에게 약속한다.', '명령한다.', '맹세한다.'와 같은 말이 객관적 사태의 진술이 아니라 약속, 명령, 맹세 행위가 되는 것을 말한다(김정인, 2000: 42). 이 발화수반적 행위는 'Ⅲ. 소통적 장소만들기의 실천'에서 보다 자세히 살피겠다.

3) 환경계획·설계와 소통의 결합, 계획이론의 시도

환경계획·설계 분야 중, 이미 하버마스의 소통행위이론을 탐색한 이들이 있다. 소통적 계획이론과 협력적 계획이론을 제시했던 이들이다. 이들이 왜 소통행위이론에 천착했는지, 의사소통행위이론의 어떤 장점이 기존 계획이론이 갖는 어떤 한계들을 극복할 수 있다고 보았는지, 추상적 이론이 건조환경(built environment)을 다루는 계획 분야에 수용되었을 때 어떻게 구체화되는지를 살피는 것은 소통적 장소만들기를 논하는 데 도움이 될 것이다.

소통적 계획이론은 현대 계획이론의 시작인 종합적 계획이론(synoptic planning theory)의 한계에서 시작되었는데 1950년대 미국의 도시계획 분야에서 태동했다. 19세기 말과 20세기 초에 걸친 '도시미화 운동(City Beautiful Movements)'과 일련의 '혁신주의(Progressivism)' 개혁에도 불구하고 미국의 도시계획은 여전히 무계획적이고 비합리적이라는 사실이 당시 시카고 공공주택 정책에 대한 사례 연구를 통해 발견되었고(Meyerson & Banfield, 1955), 이는 합리적 종합계획이론 형성의 배경이 된다. 도구적 합리성에 기초를 두는 합리적 종합계획은 '정치로부터 자유로운(out of politics)' 계획을 추구해, 계획 과정을 가치중립적이고 목표달성을 위한 최선의 대안 선택 과정으로 파악했다.

그런데 '70년대에 접어들면서 여러 학자들은 비판을 시작했다. 이들은 계획 과정은 중립적이지 않고 다양한 세력들이 체계적으로 자신들의 이해와 가치를 투입하고 강제하는 과정이라는 것을 여러 연구에서 드러냈다(정병순, 1997: 22). 계획에서 중요한 것은 목표

설정 기능이라기보다 논리적·정치적 측면을 고려한 이해갈등의 조정이라고 주장하기 시작했다(이수장, 1989: 11). 더불어 현실세계는 변화무쌍하기 때문에 최선의 의사결정을 내리기 위한 정보를 종합적으로 수집하기란 시간적, 경제적으로 사실상 불가능하다(김영모, 1988: 55-63)는 것이 이들의 또 다른 비판이다.

이러한 한계 극복을 위한 이론으로 옹호적 계획(advocacy planning), 교환거래계획(transactive planning), 점진적 계획(incremental planning) 등이 제시되었다. 옹호계획은 미국이 진정한 다원주의 사회가 되기 위해 필요한 것은 사회적 약자의 이익을 적극적으로 반영하는 것이라고 보았다. 그러므로 계획가는 관료사회에 안주할 것이 아니라 그 속의 '게릴라'가 되어 활동해야 한다는 것이다. 그러나 이 또한 엘리트 중심의 하향적 모델이었다. 사회적 역자를 '위한 것'이긴 했지만, 그들에 '의한 것'은 아니었기 때문이다. 이러한 상황에서 광의의 '교환거래계획(Transactive Planning)' 이론이 나타났다(Friedman, 1973). 교환거래계획은 '공익'이라는 대상이 불확실한 목표를 추구하기보다는 계획의 집행에 직접적으로 영향을 받는 사람들과의 상호 교류와 대화를 통해 수립해야 한다는 것이다. 따라서 계획 과정에 정책고객 집단의 직접적 참여를 강조했다. 전상인(2007: 10)은 "옹호계획이론과 더불어 교환거래계획이론은 합리적 종합계획과는 달리 계획 과정의 민주적 개발과 정치적 능동성을 강조했다는 점에 의미가 있다고 할 수 있다."고 평가하고 있다. 반면 점진적 계획은 종합적 계획이 추구하는 '종합성'의 비현실성에 대한 비판에서 출발했다. 논리적 일관성이나 최적의 해결방안을 제시하기보다는 지속적인 조정과 적응을 통하여 계획 목표를 추구하는 접근방법을 제시하고 있다.

하버마스의 의사소통행위이론을 수용하여 발전시킨 소통적 계획 이론(communicative planning theory)도 다양한 대안 모색의 맥락 속에 있다. 포레스터(John Forester)는 의사소통적 행위라는 비판 이론이 계획 실천과 어떻게 관계를 맺을 수 있는지를 선구적으로 보여 주었고, 그를 필두로 많은 이들이 계획이론에서의 의사소통행위 이론 수용에 대해 논하고 있다. 그러나 접근방식들은 조금씩 다르다. 먼저, 포레스터(John Forester, 1988: 203)의 경우 계획 과정은 본래적으로 소통행위이나 계획가들이 이를 인식하지 못한다면 정치적, 경제적인 불균형을 야기할 수 있다고 보았다. 이에 하버마스의 의사소통행위이론은 정치적·경제적 불균형으로 인한 의사소통의 왜곡들을 피하고 실천들을 향상시킬 수 있는 근거가 될 수 있다고 강조한다.

세이거(Tore Sager)는 점진적 계획을 보완하는 차원에서 소통적 계획을 제시하였다. 그녀는 점진적 계획[24]은 종합적 계획의 대안으로서 제시됐으나 다음과 같은 이유로 완벽하게 반대의 위치에 있지 못하다고 보았다. ① 기존의 점진주의에서 의사소통의 개념은 너무 막연하고 좁다. ② 대안적 형태의 이성의 도입 없이 도구적 이성을 전제한다. ③ 전통적인 종합적·점진적 이분법은 두 개의 주요 계획 방법이 이성적으로 결합되는 것을 허용하지 않는다. ④ 본질적 질과 관련된 계획 과정의 디자인에 관심을 갖지 않는다. 이에, 하버마스의 소통합리성 이론에 기댄 '대화에 기초한 점진주의(incrementalism founded on dialogue)'를 제시함으로써 종합적 계획과 점증적 계획이라는 기존의 구분을 확고히 하고자 하였다. 덧붙여 다음의 두 가지 문제를 해결할 수 있다고 보았다. 첫 번째, 기존의 주요 계획이론들은 정보, 의사소통, 분석적 기술에 관한 명확한 가설들(clear assumptions)이 부족하여 합법화, 권력, 분쟁의 관리 그리고 책임의 개념들이 주요 계획이론들과 일치하는지 아닌지에 대한 평가를 어렵게 만든다는 것이다. 두 번째, 기존의 주요 계획이론들은 목적이 결정되는 방식을 다루지 않는다는 것이다. 이 두 가지 문제로 목적들은 외부에서 주어지고, 비현실적일 경우가 많다는 것이 그녀의 주장이다(Tore Sager, 1994: 3).

그런데 소통적 계획이론은 개념 및 이론적으로 협력적 계획이론과 연결되어 있어 이에 대해 살피는 것도 필요하다. 협력적 계획이론은 하버마스의 의사소통 행위이론과 더불어 기든스가 제시한 '구조화 이론'(theory of sturcturation)을 참조했다. 구조화 이론은 구조주의와 기능주의를 비판하면서 구조와 행위의 통합을 강조하는데, 기든스는 '구조의 이중성'이라는 개념을 통해 "구조란 행위의 매개체임과 동시에 재생산되는 행위의 산물"이라고 이해했다(Giddens, 1984: 4). "인간의 행위는 '규칙에 순응하는 창조성(rule-governed creativity)'으로 특징지어질 수 있는데, 새로운 구조가 창출되는 현상은 고정된 법칙의 적용으로서가 아니라 행위를 통해 부단히 수정되는 법칙의 가변성으로 이해해야 한다는 기든스의 입장은 사회구성원들 사이의 대화와 토론, 협력을 통한 계획 과정이 사회를 개선하고 변화시킬 수 있는 동력이 될 것이라는 하버마스의 기대와 자연스럽게 연결될 수밖에 없다는 것"(전상인, 2007:14)이다.

협력적 계획이론을 주도하고 있는 힐리(Pasty Healey)는 특히 계획에 대한 비전을 민주주의적 다원주의에 두었다. 그런데 시스템화된 합리성과 사회구조를 과학적으로 이해해서는 더 이상 민주적 다원주의를 기대하기 어렵다고 보았고, 대신 특별한 시간과 장소에 위치한 특별한 사람들이 도달할 수 있는 상호 주관적인 상호 이해(inter-subjective mutual understanding)로서의 합리성에 기대를 걸었다. 이는 하버마스의 소통행위이론의 영향이라고 할 수 있다. 반면 사회구조의 지속성과 행위자의 능동적 역할에 주목한다는 점에서는 기든스의 이론에 영향을 받았는데, 인간의 창조 과정으로서의 계획전략과 정책 및 실행개념을 제시했다. 1990년대 초반 그녀는 새로운 계획이 나아갈 방향을 다음과 같이 나열했었다(Patsy Healey, 1994: 233-253).

① 계획은 상호작용적 그리고 해석적 과정이다.

② 의사소통적 행위는 상호 이해를 찾는다.

③ 의사소통적 행위는 인식, 가치부여, 청취 그리고 상호 교환적 가능성(translative possibilities)의 탐구에 지배된다.

④ 소통적 계획은 단지 계획 형식뿐만 아니라 민주적인 관리에 있어서도 반성적이 될 필요가 있다.

⑤ 소통적 과정에서 '앎, 이해, 평가, 경험 그리고 판단의 모든 차원들이 활동하도록 한다.' 그러나 어떠한 것이 지배적이지는 않다.

⑥ 성찰적 능력—그들의 포용성, 통합성, 적법성 그리고 진실에 따라서 판단력이 요구하는 것—은 과정에 있어 중요하다. 하지만 어떠한 참여자에 의해서도 지휘되어서는 안 된다.

⑦ 소통적 계획의 '내재적 비평(inbuilt critique)'은 '목소리(voice)'

를 모든 참가자들로 확장시켜야 한다.

⑧ 상호작용은 참여자들의 이해를 상호적 재건설에 포함할 것이다.

⑨ 의사소통적 상호작용의 비평적이고 계몽적 힘은 물질적 상황과 이미 성립된 권력관계를 변형시킨다.

⑩ 소통적 계획의 목적은 추론적 이해 과정을 시작하고 유지하는 것이다.

인네스(Judith E, Innes, 1999: 183 - 189)는 정보가 행위와 갖는 관계에 주목하여 의사소통행위이론을 수용했다. 그녀는 먼저 정보가 어떻게, 어떠한 환경에서 의사결정에 영향을 주는지에 관심을 갖고, 정책결정에 영향력을 발휘하는 지표들(indicators)을 도출하려 했던 연구들을 분석하였다. 그리고 정보는 커뮤니티 내에서 사회적으로 구축된다는 결과를 이끌어 내었다.[25] 결론에서는 전문 분야에 대한 방법적이고 윤리적인 질문, 즉 권력과 지식의 관계에 대한 질문을 다시 제기하였다. 사회적 과정이 정보를 의미 있는 지식으로 만들고, 지식은 다시 어떤 행위를 이끌어 낸다고 할 때, 그러한 과정이 정당한가를 의심한 것이다. 그런데 의사소통행위이론이 전문적 지식에 대한 윤리적이고 실천적 염려들을 해결해 줄 수 있다고 보았다. 의사소통적 행위 속에서 계획가들은 해방적 지식을 얻기 위해 숨겨진 권력에 도전적 태도를 취하게 되는 것이며 지식은 자기 성찰, 토론과 변증법, 실천과 경험의 변형을 통해 얻어지기 때문인 것이다.

그리고 인네서는 부어(Judith E. Innes & David E. Booher, 1999: 412 - 423)와 함께 계획에서 합의형성 과정을 평가하는 틀은 기계론적인 뉴튼 식의 세상이 아니라 복합적인 적응적 체계(complex adaptive systems)의 관점에서 만들어져야 할 것을 제안하였다. 사례 연구를 통해서는 소통의 과정은 계획에 대한 합의를 만들어 내는 가시적 효과뿐만 아니라 사회적 학습과 변화, 사회적, 지식적 자본 같은 비가시적 자본을 만들어 내는 효과도 발휘할 수 있다는 것을 논증했다.

〈표 1-2〉 도구적 행위로서의 계획과 소통적 행위로서의 계획의 비교

구분	도구적 행위로서의 계획	소통적 행위로서의 계획
중심 내용	주어진 목적을 이루기 위해 최선의 수단들을 강구해야 한다.	민주적이고 개인적 성장을 증진시키기 위해 왜곡되지 않은 의사소통에서 동의된 해결을 강구해야 한다.
사회, 정치적 관계에 대한 태도	• 영향을 받는 사람들의 정치적 의존성을 강화해야 한다. • 사회적 관계들을 읽어야 한다.	• 의미 있는 정치적 참여와 자치권을 키워 내야 한다. • 사회적 정치적 관계들을 재생산해야 한다.
상황 또는 맥락에 대한 태도	• 맥락은 별로 중요하지 않다. • 계획은 맥락에서 자유로운 기술적 문제해결(context-free technical problem-solving)이다.	• 맥락은 매우 중요하다. • 계획은 맥락 대응적 실천적 행위(context-responsive practical action)이다.
주어진 문제에 대한 태도	• 문제들은 잘 규정되었고 안정적이며 문제해결(problem-solving)이 중요하다.	• 문제들은 잘 규정되지 않았고 유동적이라 문제 재규정(problem-reformulating)이 중요하다.
결과와 과정에 대한 태도	• 결과와 성취가 중요하다. • 직선적 과정을 통해 하나의 결과물을 제공한다.	• 과정과 공평함이 중요하다. • 다양한 가능성들을 묻는 과정과 참여자들의 다양한 반응들이 중요하며 예기치 않은 결과에 대해 열린 태도를 취해야 한다.
정보에 대한 태도	• 정보들을 모아서 정보를 처리한다(processing information).	• 중요하고 상호작용적인 정보들을 모은다. • 관심을 형성하기(shaping attention)가 중요하다.
참여에 대한 태도	• 다양한 견해의 갖는 사람들의 참여를 방해의 근원으로 취급한다.	• 다양한 견해를 갖는 사람들의 참여를 분석을 향상시키기 위한 기회로 다룬다.
계획가에 대한 태도	• 전문가는 문제해결자이다.	• 전문가는 문제해결자일 뿐만 아니라 촉진자며 중재자이다.
사례에 대한 태도	• 사례 연구들은 행위, 결과, 맥락 간의 관계를 보여 준다.	• 탐구의 과정(path of inquiry) 또한 중요하게 다루어야 한다.

자료: John Forester, *Critical Theory and Public Life*(Massachusetts: The MIT Press, 1988), p.28. 참조하여 본인이 작성.

40

4) 장소만들기와 소통

　앞에서는 '소통적 계획이론'에 대한 검토를 통해 환경계획 분야에서의 의사소통행위이론의 발전적 도입에 대해 살펴보았다. 이젠 소통적 장소만들기를 이야기할 차례이다. 장소만들기는 계획이론에 비해 보다 구체적 실체를 다룬다는 것, 결과물은 일상의 삶 속에서 보고 만지는 우리의 체험을 전제로 한다는 것에서 차이를 갖는다. 즉 가시적인 형상을 만들어 내는 '디자인'이라는 실천을 포함한다는 것이다. 그러므로 '장소만들기'는 계획 분야와는 일면 다른 입장에서 의사소통행위이론에 접근하고 수용해야 할 것이다. 이에 대해서 알아보도록 하자.

　본격적이고 체계적인 논의는 없었으나, 장소만들기를 소통행위로서 이해할 것을 제안하는 이들은 있어 왔다. 톰슨(Ian H. Thompson, 1999: 105)은 구체적 방안은 내놓지 않았지만 장소만들기에도 소통행위이론을 적용될 수 있다고 보았다. 그는 환경 디자인이 사회의 불평등(inequalities)과 불공평(injustices)에 기여한다는 비판에 대해 어떠한 정치, 경제적 시스템에서건 좋은 디자인은 사람들의 일상에 이득이 된다고 대응하였다. 그런데 좋은 디자인은 서로 다른 입장 간의 대화를 요구한다고 보았다. 일례로 남자들은 숲에 대해 두려움을 거의 갖고 있지 않지만 여자들은 숲을 두려워 하므로 상호이해의 과정이 필요하다는 것이다. 로와 호우(Maggie H. Roe & Maisie Rowe, 2000: 234－241)는 비록 하버마스의 소통적 행위이론에 기대고 있진 않지만 참여자들 간의 의사소통을 통한 성찰적 실천을 강조하였다. 그리고 성찰적 실천자로서의 전문가는 촉진자

(facilitator)로서의 역할 수행이 필요하다고 주장하였다.

위의 연구자들이 당위성을 주장하는 데서 끝났다면 서머빌 (Shiona L. Sommerville, 2000: 120 - 126)은 이를 보다 구체화한다. 그는 기존의 주민 참여를 통한 장소만들기 과정에서는 참여자들 간의 상호 이해가 간과되었고 의사소통행위의 이론 수용이 이를 해결해 줄 수 있다고 보았다. 이에 '소통하는 조경(communicating landscape architecture)'이라는 단어를 사용하기도 했다. 그리고 '사람 사이의 이론(interpersonal theory)'에 대한 모델 제시를 위해 주민 참여를 통한 계획 및 설계에 참여했던 다섯 명의 조경가를 인터뷰하였고 다음과 같은 아홉 가지 고려 사항을 뽑아내었다.

① 참여의 과정은 참여하는 사람들 모두에게 이익이며 긍정적인 총합을 만들어 내는 실천이다.

② 참여자들 간의 상호 이해를 위해서는 아이디어와 막연한 묘사를 가시적 형태로 변화시키는 작업을 해야 한다.

③ 참여자들은 애매한 과정과 규칙들, 전문가적 한계와 전문 기술을 다루는 심사숙고의 능력(powers of deliberation)을 가져야 한다.

④ 열리고 투명한 과정을 가져야 하고 참여자들은 목표와 목적에 대해서도 토론을 해야 한다.

⑤ 참여를 위한 기법(technique)을 기계적으로 적용하는 것보다 더 유용한 것은 상황을 진단하는 능력이고 가능한 접근들 중에서 하나의 레퍼토리를 적용하는 것이다.

⑥ 실천에 있어서 즉흥성이 필요하다. 대중 참여자들의 요구와 바람을 만족시키기 위해서 의무와 즉흥적 전략을 조절할 필

요가 있다.

⑦ 폭넓은 성공적 결과물의 집적이 필요하다.

⑧ 지속적인 노력이 필요하다.

⑨ 대중의 비난에 대해 진실하게 관심을 표현하여 방어적 태도
를 줄이고 어려움에 대해 열린 대화를 하라.

루즈와 웨일랜드(Von Frieder Luz & Ulrike Weiland, 2001: 69 –
76)는 1990년대 이후 독일에서 주민 참여를 통한 장소만들기는 진행
되는 바를 알리는 형태에서 주민들에게 의견을 묻고 참조하는 형태
로 진화하였고 이는 다시 소통과정을 통한 협력으로 진화하고 있다
고 관찰하였다. 즉, 제도적으로 상세하게 규정된 진행 과정이나 결과
에 대한 전제 없이 동등한 권리를 갖는 참여자들이 자신들의 상황에
맞는 소통 과정(communicative process)을 개발하여 서로 협력하면서
계획 및 설계를 진행하는 형태로 변화하고 있다는 것이다. 그리고 이
것은 본 서의 제3장에서 제시하는 실천의 개념과 유사하다.

〈표 1 – 3〉 독일에서의 참여 과정의 변화: 정보교환과 선택적 참여에서 소통의 형태로

정보(information)	참여(participation)	의사소통을 통한 협력 (cooperation)
문서의 분배, 문서 배급	시작을 알리는 시민회의	중심 집단, 원형 테이블
정보교환 회의	질문. 예) 예비 조사 결과를 수용할 것인지	워크숍
전시	대상지 답사와 조사	포럼
전문화된 강연	계획을 위한 소집단 형성	문제해결을 위한 워크숍
	발표	
신문, 라디오, TV 같은 매체	중재	
인터넷, 시디롬 같은 새로운 매체		

자료: Von Frieder Luz and Ulrike Weiland, "Wessen Landscahft Planen Wir?", in *Naturschutz und landschaftsplanung* 33(2/3), 2001, p.73.

위의 논의들과는 달리, 브라운(Kyle D Brown, 2002)은 전문가의 직업윤리라는 관점에서 이를 논하고 있다. 그는 조경이라는 직업사회에서는 사회적 책임을 어떻게 약속하고 있는지를 역사적으로 검토한 후 여러 대학의 조경교육 프로그램, LA에서 일하고 있는 조경가들을 인터뷰하였다. 그리고 조경가들은 봉사정신(stewardship) 같은 추상적 개념을 믿고 있지만 개념에 대한 해석은 매우 다양하고 실무자들은 사회적 의무와 자신들의 이익과의 충돌을 고민하고 있다는 것을 발견하였다. 이에 그는 전문가의 사회적 책임에 대한 지침을 의사소통행위이론에서 찾을 것을 제안하였다. 왜냐하면 열린 대화와 행위는 이해관계자들 간의 이익의 충돌과 문화적 차이를 완화시키는 기회를 제공할 수 있다고 보았기 때문이다.

이들은 주로 기존의 주민 참여에 대한 한계의 극복으로 의사소통행위이론 수용의 필요성을 제기하고 있는데, 이것은 과학적 절차 속에서 주민 참여가 갖는 한계와 관련된다. 이들의 견해처럼 장소만들기에서 하버마스의 의사소통행위이론을 수용하는 것은 좁게는 기존 주민 참여 방식에 대한 대안 제시로 보이지만, 궁극적으로 '결과물 산출'에서 '관련자들 간의 상호주관성 획득'으로의 패러다임의 전환을 전제로 한 것이다. 그리고 문화는 "커뮤니케이션이고, 여러 종류의 상충된 원리를 포용하고 있으며, 각기 다른 이해관계를 가진 구성원들에 의해 끊임없이 새롭게 만들어지는 개방된 불안정 체계(조혜정, 1998: 235)"라고 할 때 환경계획과 설계 과정의 결과물뿐만 아니라 과정 자체를 문화로 이해하자는 것이기도 하다.

3. 소통적 장소만들기가 열어 주는 가능성

소통적 장소만들기는 다양한 가능성을 열어 줄 것이다. 공공성 확보, 진솔한 장소, 사회교육과 사회자본이 그런 것들일 것이다. 공공성에 대한 논의는 합리적 절차로서의 장소만들기 같은 이데올로기적 문제와 윤리 문제를 의사소통행위이론 수용을 통해 해결할 수 있다고 보는 것이다. 진솔한 장소만들기에 대한 논의는 관료적 공간관리로 인한 공동체 문화의 상실, 전문가 문화 강조로 인한 대중과 대중의 일상의 소외 같은 문제들을 해결하는 데 의사소통 행위이론이 기여할 수 있다고 보는 것이다. 사회교육의 효과와 사회자본 형성의 계기를 마련할 수 있다는 것은 장소만들기가 궁극적으로 사회적 개혁에 도움이 될 수 있다고 보는 것이다.

1) 공공성의 확보

우리의 환경계획 및 디자인은 사회에 대한 공리적 기여를 위해 시작되었고 전문가의 사회적 책무는 궁극적으로 대중의 삶의 질을 높이는 것에 있었다. 그러나 앞서 살펴보았듯이 경제, 행정체계와 전문가에게만 전적으로 의존하여 실천할 경우 다양한 목소리가 도구적 차원으로 매몰되어 공공성의 문제가 야기될 수 있다. 그리고 전문가는 윤리적인 기반으로부터 분리되어 있다는 비판을 받게 된다. 그런데 하버마스는 자유로운 공론장[26)에서의 토론을 통해 공공성이 획득, 규정될 수 있다고 보았다.

하버마스는 역사적 구체태의 다양함에도 불구하고 공론장(Öffentlichkeit, public sphere)을 공적인 문제에 대한 토론이 행해지는 장으로 일관되게 묘사하고 있다. 본 서에서도 그의 개념정리를 따른다. 그에 따르면 공론장은 사적 영역(private sphere)과 구별되는 공적인 영역이다. 사적 영역이 개인적 생활과 노동 그리고 가족 내 또는 개인적으로 친밀한 인간관계를 말한다면, 공론장은 개인의 사생활 차원을 넘어서 사회화된 사람들 사이의 실천적 행위와 의사소통 관계를 지칭한다. 공론장은 민주적 정치행위에 필수불가격하며 가장 중요한 요소는 정당, 자발적 결사체, 언론 등이다(Habermas, 1990). 광장, 카페, 회의실, 길 같은 공공공간은 공론장이 형성되는 곳이며(Forester, 2001:64), 근래 인터넷의 게시판도 공론장 형성에 기여하고 있다.

하버마스는 근대 이전을 사적 영역과 공적 영역이 하나로 합쳐져 있던 시기로 보았고 제도적으로도 사적 영역과 구분되는 공적 영역이 없었다고 보았다. 이 시기는 영주 권력을 둘러싸고 있는 것들이 '공적'이었던 것이다. 이에 따라 위와 같은 공론장도 존재하지 않았으며 정치의 핵심개념은 전시(display) 정치였다. 정치권력을 이루고 있었던 영주와 귀족층은 밀실에서 이루어진 결정을 수행자며 담지자들인 민중들 앞에서 보여 주기만 하면 그만이었던 것이다(Ibid.). 광장은 이러한 전시가 이루어지던 곳이었다.

그러나 근대 초기 도시의 세력이 강대해지면서 문화의 중심이 왕과 왕실에서 도시의 부르주아 층으로 옮겨진다. 이로 인해 궁중을 대체하는 새로운 공간을 창조하는데, 하버마스에 따르면 영국에서는 커피 하우스이며, 프랑스에서는 살롱, 독일에서는 다과회인 것이다. 초기에는 주로 문화가 토론 주제였다. 그런데 토론은 더 많은 대화와 토론자, 청중을 필요로 하였고 그 결과의 하나로 예술·문화 비평저널이 생겨났다. 이것은 문자 세계 공론장의 시작이라 할 수 있으며, 커피하우스와 다과회의 토론의 대상이자 결과물이었던 것이다. 비평저널들은 문화적으로 많은 영향력을 행사했다(Ibid). 배정한(1998: 94-95)에 따르면 18세기 '태틀러(Tatler)'와 '스펙테이터(spectator)' 같은 영국 정기간행물에서 다뤄진 논의들은 풍경식 정원의 태동에도 영향을 미쳤다.

공론장에서 대화의 주제는 문화에서 정치로 점차 바뀌었다. 부르주아들은 공론장에서 보편적 문제에 관한 여론을 형성하여 제도화된 지배구조인 국가에 대해 비판적 기능을 담당하게 되었고 행위의 규범을 정립하였다. 하버마스는 이러한 공론장을 부르주아 공론장이라 불렀다. 이로부터 광장 등의 공공공간의 개념은 전시의 공간에서 대중토론과 집회를 통한 여론형성의 장으로 변화되었다. 그러나 공공공간의 성격은 쉽게 얻어지는 것은 아니었다. 기득권자들과 공론장에서 배제되기 쉬운 소수자들 간의 싸움을 통해 점차적으로 변화되었다(Mitchael and Deusen, 2001: 104-106). 하버마스가 공론장의 시작이라 여기는 18세기 대표적 부르주아 공론장인 영국의 커피숍조차도 여자들의 출입을 막는 등 모든 사람들한테 열려 있지는 않았다.

그런데 하버마스는 후기자본주의 사회에서 공론장은 정치권력과 자본의 논리에 밀려 상당히 수축되어 그 기능을 제대로 발휘하지 못하게 되었다고 보았다. 그는 이를 '공론장의 재봉건화'로 명명했고, 공론장의 재활성화를 주장하였다(Habermas, op. cit.). 이것은 의사소통 합리성을 통한 근대의 완성이라는 그의 기획의 연장선상에 있으며, 인간의 합리성에 기반을 두는 근대성에 회의적인 포스트모더니스트들과는 상반되는 입장이다(김재현, 2000: 1 - 33).

다시 광장과 공론장의 논의로 돌아와서, 근래 광장 같은 물리적 공간보다는 매스미디어가 보다 적극적인 공론장의 역할을 하고 있으며 인터넷은 새로운 공론장으로서 많은 기대를 모으고 있다. 그럼에도 근래 우리나라에서 보이는 광장에 대한 요구는, 이상헌(2004: 142 - 143)의 표현처럼 "시민들의 자발적 참여가 이루어지는 공론장 성숙에 대한 열망이 공간적으로 표현된 것"이라 할 수 있다. 그리고 월드컵 응원과 촛불집회에서 보았듯이 "사이버공간에서의 축제와 온라인 공론장에서의 토론이 오프라인의 자발적 집회로 연결되는 나라가 우리나라(이상헌, 앞의 글)"인 것이다.

공론장의 역할을 해야 하는 우리의 공공장소는 스스로 공공성을 확보해야 하는 것은 자명할 것이며, 이에 스스로 공론장이 필요하다. 공공성은 단지 행정의 결정, 개방이나 접근성 같은 물리적 조건으로 주어지는 것이 아니라 공론장에서의 민주적 조절을 거치면서 얻어질 수 있기 때문이다(최갑수, 2001: 17 - 37). 이렇게 확보되는 공공성은 모더니즘이 공간에서 추구했던 익명적 공공성인 아닌 절차적이며 구체적인 공공성이다.

2) 진솔성

근대 이후 오늘날까지 학문에 있어 중심을 이루었던 논리적 실증주의는 환경설계 분야에도 큰 영향을 끼쳤고 저변에는 이성적 주체관이 깔려 있다. 그런데 이는 합리적 지식과 분석을 과도하게 강조하고 직관적 지혜와 총체적 종합은 등한시함으로써, 직관과 감성에 의해 파악할 수 있는 많은 현상들을 간과해 왔다는 비판을 받는다. 대안적 모색으로 인간과 환경을 분리하는 이원론을 극복하고 총체적으로 접근하고자 하는 현상학적 접근이 제시되었다(이규목, 1988: 36 - 39). 그러나 공간을 바라보는 현상학적 방법이 주관적 체험에 치우칠 수밖에 없어 연구자의 주관에 의해 특정한 현상을 지나치게 중시한다든가, 간과하는 주관적인 과오를 범할 수 있는 위험성을 가지고 있다는 또 다른 한계를 지닌다(김정호, 2002: 39). 이것은 하버마스의 현상학의 생활세계에 대한 비판과 일맥상통한다. 그에 따르면 현상학적 입장에서 공간해석이나 장소만들기가 독백적 모델의 의식 주체 혹은 단독 행위자를 가정[27]하기 때문에 나타난다는 것이다.

생활세계 개념은 현상학에서 후설(E. Husserl)이 처음으로 철학의 근본 개념으로 채택하였고, 슈츠(A. Schutz)는 현상학적 사회에서 생활세계를 실행적 주체가 일상적으로 경험하는 '선험적 틀' 다시 말해, '행위이론적'으로 전환시켰다. 그리고 소통행위이론으로써 사회질서의 가능성을 탐구하려는 하버마스의 작업은 후설보다는 슈츠에 훨씬 더 가깝다(김창호, 2000: 186). 그러나 슈츠의 생활세계도 여전히 의식철학에 머물고 있어 의식철학의 결정적 약점, 즉 "상호주관성의 문제, 즉 서로 다른 주체들이 어떻게 동일한 생활세계를 공유할 수 있는가라는 질문은 사라진다(Jürgen Habermas, 1984: 129 - 130)."는 것을 지적받는다. 하버마스는 슈츠가 행위이론적 접근방법으로 완전히 전환하지 않고 후설의 직관적 방법에 머물러 있는 한 현상학적 생활세계 분석과 사회학적 행위이론 간의 긴장은 계속될 수밖에 없으며, 마지막 분석의 준거점은 기껏해야 '체험하는 주체'일 수밖에 없다고 보았다(김창호, 2000: 186).

그러므로 하버마스는 상호주관적 생활세계의 구조를 파악하는 문제는 의식철학에서 언어철학으로의 패러다임 전환을 통하지 않고서는 대답될 수 없다고 보았다. 즉 행위의 주체를 체험의 주체가 아니라 언어적 의사소통의 주체로 설정해야만 가능하다는 주장이다. 그리고 그는 슈츠의 주관적 관점을 의사소통 과정 속에 묶여 있는 사람들의 '참여자 관점'으로 대체하였다(서도식, 2002: 75 - 76). 이것은 생활세계가 이루어지는 지리적, 환경적, 건축적 한계인 장소[28]의 파악에도 적용될 수 있다. 즉, 언어적 상호작용을 통해서만 장소에 대한 상호주관적 구조를 파악할 수 있으며 이러할 때 생활세계는 사회적 행위의 지평을 형성하여 구체적 문제 상황 해결에 대한 합의의 배경을 이룬다.

따라서 진정한 의미의 장소만들기는 단지 전문가적 지식과 그들의 감각에만 기댈 수는 없는 것이며 장소에 근거를 둔 실천적 체험과 이에 관한 공감적 대화를 통해 가능하다 할 수 있다(최병두, 2002: 253 - 278). 이와 관련하여 스니크러스와 시블리, 도나디유, 포테거와 프린톤의 견해와 스웨덴의 스톡홀름에 있는 세르겔 광장 리노베이션 사례를 살펴볼 수 있다.

스니크러스와 시블리(Lynda H. Schneekloth & Robert G. Shibley, 2000: 130 - 140)에 따르면 장소만들기는 단지 사람과 장소의 관계에 대한 것만이 아니라 그 장소에 있는 사람들과의 관계까지 만들어 내는 것이다. 그러므로 장소만들기는 다양한 지식을 갖는 사람들 간의 상호 이해와 학습이 이루어지는 협동적 과정 속에서 이루어져야 하며 다양한 지식이란 조경, 건축, 환경 조각가들이 갖는 전문적 지식뿐만 아니라 일반인들이 공간에 대해 갖는 주관적 지식도 포함된다. 그리고 일반인들이 지닌 주관적 지식의 중요성을 강조하는 것은 전문가적 지식을 대체하자는 것이 아니라 전문가 문화의 한계를 뛰어넘자는 것이다. 따라서 우리가 장소만들기에 참여하는 것, 그 자체가 민주주의 활동이며, 장소만들기 자체가 공론장이 될 수 있다.

프랑스의 조경학자 도나디유(Pierre Donadiu, 2000: 26 - 29)는 '집단적 기억'의 관점에서 기존의 실천방식을 비판하고 대안으로서 '대화'를 제시한다. 그는 경관 디자인과 관련된 전문가들의 경관관은 주인의 자연에 대한 이상을 반영하는 장으로서의 정원, 픽춰레스크 양식, 정복대상으로서의 자연관에 기원을 두고 있는데, 이로 인해 이들의 실천은 비현실적이고 장식에 치우쳐 있다. 그러므로 전문가들은 경관을 보존하고 가치를 극대화하는 데 있어서 행정가뿐 아니라 경관에 대해 집단적 기억을 갖고 있는 일반인들과의 대화를 중시해야 한다. 그런데 이는 방어나 가식적이고 장식적 알리바이로서의 토론이 아닌 경관에 대한 메디앙스적 접근에서 필요한 것이다(박정욱, 2000: 55 - 65). 메디앙스적 접근이란 근대 이후 이원화된 장소에 대한 주관적 직관을 중시하는 후설의 관점(경관)과 객관성을 중시하는 갈릴레오의 관점(환경)은 양립할 수 없다고 보는 것으로, 장소에 대한 감각적 측면인 경관과 사실적 측면인 환경을 합치자는 것이다(Augustin Berque, 1993: 33 - 37).

포테거(Potteiger)와 퓨린튼(Purinton)은 열린 내러티브 경관(open landscape narratives)이라는 개념 속에서 다양한 견해 교환의 필요성을 제기하였다. 열린 내러티브 경관이란 주제 공원, 주제 레스토랑, 주제 몰과는 달리 다양한 목소리들이 만들어 낸 복합적 이야기가 있는 장소들로 도심의 가로나 부둣가가 그러한 곳이다. 그러나 그들에 따르면 개발업자들이나 권위자들이 관리하거나 대본을 쓰는 장소들은 다양한 목소리를 잠재우거나 추방하고 역사적 층위들과 복잡성을 지을 수 있다는 것이다. 그러므로 열린 내러티브 경관을 만들기 위해서는 장소에 대한 특권화된 견해(privileged points of view)에 도전하고 장소가 갖는 다양한 이야기들과 기억들이 교환되어야 한다. 그들은 교환의 구체적 유인 방법들로 이야기 교환하기(exchanging stories), 질문하기(asking questions), (계획 및 설계 과정에 대한) 조절을 느슨하게 하기(loosing control), 토론을 시작하기(opening discourse) 등을 제시하였다.[29] 그리고 이는 제3장에서 제시하는 소통적 장소만들기의 전략들과 유사하다.

스웨덴의 스톡홀름에 있는 세르겔 광장(Sergels Torg) 리노베이션은 논의 과정을 통해 장소성에 대한 공동의 이해를 얻어 낸 사례라 할 수 있다. 1974년 모던 운동(modern movement) 말기에 만들어진 세르겔 광장은 원만한 커브와 흰색, 검은색의 삼각형 패턴들이 이루는 모던한 형태로 디자인되었다. 그러나 모던디자인에 대한 낙관주의가 지속되지 못하면서 시민들에게 외면당하게 되었고 급기야 1990년대 초 TV 방송은 모더니즘의 잔인함과 전체주의를 공격하면서 광장의 리모델링을 제안하였다. 그러나 이 광장에 대한 어린 시절의 추억을 갖는 1960년대생들은 반대의 목소리를 내었고 건축 박물관은 항의 배지를 만들어 배포했다. 결국 1998년 대대적인 형태 변화를 가하지 않는 한에서 리모델링하는 것으로 결정되었다(Thorbjörn Andersson, 2000: 112‒115). 세르겔 광장의 디자인은 비록 대중적 호소력은 떨어지지만 공론의 과정에서 '추억'이라는 주관적 요소가 중요한 가치로 제시되고 사회적으로 수용되었다. 즉, '장소성'을 사회적으로 공유하였다고 할 수 있는 것이다.

그러나 미에 대한 취향이나 장소에 대한 주관적 체험에 대해 공통감을 성취하는[30] 것은 그리 쉽지만은 않다. 그러므로 장소만들기 분야에서 소통행위이론을 수용하고 실천하는 것은 계획 분야와는 다른 시도와 접근이 필요하다.[31] 이러한 면에서 조경가 로렌스 헬프린(Lawrence Halprin)의 실험과 전문가 역할에 대한 태도는 많은 시사점을 던져 준다. 그는 1968년 'communities' 워크숍에서 학생들에게 눈을 감고 걷게 하여 시각 외에 다양한 감각을 통한 환경 경험과 움직임을 탐구했는데 이는 강연, 슬라이드, 소그룹 토의 같은 전형적 디자인 세미나와는 다른 실험들이라 할 수 있다. 'Driftwood Villages' 실험에서는 집단적 창조성을 탐구하기 위해 학생들에게 'Sea Ranch' 가까이 있는 해변에 떠내려 온 나무로 마을을 짓게 하였다. 그리고 그는 물리적 디자인뿐 아니라 사람들에게 활기를 주어 창조적인 자원을 이끌어 내고 디자인에 참여시키는 과정까지도 자신의 역할로 보았다(Peter Walker & Melanie Simo, 1992: 154‒156).

3) 사회교육과 사회자본 축적

앞의 두 가지가 의사소통행위이론 수용이 갖는 직접적 효과라 한다면 사회교육과 사회자본 축적은 간접적 효과라 할 수 있다. 그리고 이것은 공간 디자인과 조성을 단지 물리적 환경 조성에만 한정하는 것이 아닌, 사회변화의 수단으로 전망하는 것이기도 하다.[32] 또한 역으로 대상 지역에서 사회교육과 사회자본이 이미 형성되었다면 소통적 장소만들기는 보다 용이할 것이다.

아그리스와 숀(C. Agris & Donald A. Schon, 1974)은 어떤 실천적 상황(practical situations)에서 이루어지는 학습을 '단일환상학습(single loop learning)'과 '복합환상학습(double loop learning)'으로 구분하였다. 어떤 문제에 대한 하나의 해결방식 속에서 이루어지는 학습을 단일환상학습(single loop learning)이라 한다면, 다른 이익관계를 갖는 구성원들이 함께 토론하면서 목적을 재검토하고 변화시키는 과정에서 이루어지는 학습은 복합환상학습(double loop learning)이라 할 수 있다. 그런데 지식의 변화만을 기대할 수 있는 단일환상학습과는 달리 복합환상학습에서 참여자들은 자신과 타인과의 이익관계를 발견하고, 자신의 이익관계에 대한 태도를 변화시킨다.

그런데 서로 다른 지식과 이익관계를 갖는 사람들 간의 비판과 성찰을 전제로 하는 소통적 장소만들기의 과정은 복합환상학습 과정이라 할 수 있다. 그리고 학습과정 속에서 이루어지는 이차적 변화는 해당 문제에 대한 지속적인 참여로 이어진다. 일례로 인네스와 부어(Judith E. Innes and David E. Boober, 1999)는 샌프란시스코에서의 큰 강어귀(estuary) 운영계획을 세우기 위한 5년간의 합의과정에 참여한 참여자들은 과정이 진행됨에 따라 다른 사람들에 대한 적대적인 태도를 버리고 지식을 함께 나누려 하는 등 참여자들의 신뢰가 형성되고 이는 다시 진정한 의사소통으로 이어지고 있는 것을 관찰하였다. 그리고 사회학습으로 사람들은 동의 형성과정이 효과적이라는 것을 깨닫게 되어 미래에 발생하는 분란 해결에 소송이 아닌 대화를 사용하게 만든다는 견해가 있다. 커뮤니티디자인 연구자들은 이러한 효과를 믿어 청소년들의 참여를 적극적으로 다룬다. 청소년들은 적합한 문제해결 모형을 익히면서, 단체활동의 요령을 습득하고 타협을 배우며, 의사소통의 기술을 키우고 나아가 세계적 이슈와 관련된 일에 대한 자세를 개발한다는 것이다(J. Shine, 1990: 5 - 11).

또 이렇게 활성화된 사회교육과 소통적 과정에서 형성된 신뢰는 사회적 자본형성으로 연결될 수 있다. 사회자본의 개념적 연원은 18세기 고전사회학까지 소급할 수 있으나 최근 증폭되고 있는 사회자본에 대한 관심은 인간의 행위와 선택을 설명하는데, 도구적 합리성과 시장적 상황을 비판하는 데 집중되어 있다. 또한 개인을 자기목적과 선호를 경쟁적으로 추구하는 자율적인 주체가 아니라 다른 사람과의 관계와 공통의 이익을 고려하는 존재로 인식하고 있다는 점에 주목하는 것이며, 이는 하버마스의 의사소통이론과 공통분모를 갖고 있다.

그런데 학자마다 사회자본에 대한 구체적인 태도는 조금씩 다르다. 부르디외(Pierre Bourdieu)는 "친근감이나 상호 인지적 관계가 제도화된 결과, 또는 지속적인 연결망의 존재에 따라 어떤 개인이나 집단이 실제적 혹은 가상적으로 얻게 되는 이익이나 기회의 총 합"으로 규정하고 개인들 사이에서는 발견되는 연결망(network)에 초점을 두어 사회적 자본을 분석했다. 콜만은 거래비용을 감소시키는 신뢰, 정보소통의 통로가 되는 연결망, 개인의 기회주의적 행동을 통제하는 규범의 효과 등을 의미한다고 보았다.

퍼트남(Putnam)은 거시적 차원에서 "상호 간 이익을 위한 협력과 협동을 촉진시키는 연결망, 규범, 사회적 신뢰와 같은 사회조직의 특성"을 사회자본이라고 정의하고 민주주의나 경제발전에 있어서 사회자본이 갖는 역할을 분석하였다(소진광, 2002: 29 - 47). 그에 따르면 사회자본은 현대사회에 만연된 개인주의 문화의 병폐를 치유하고 사람들로 하여금 보다 서로를 신뢰할 수 있게 하고 적극적으로 공적인 문제에 관심을 기울에게 하는 '선'이며 발전현상의 가치체계인 경제정의, 사회정의 그리고 환경정의를 실현하는 데 있어서 금융자본, 물리적 자본, 인간자본보다 더 효과적일 수 있다는 것이다(Robert Putnam, 1993: 35 - 42).

후쿠야마(Fukuyama, 1995)는 사회자본을 문화적 특성으로 인식하면서 주로 신뢰(trust)에 초점을 맞추고 있다. 반면 로스타인과 스톨레(Rothstein and Stolle, 2003)는 최근 사회자본의 구성요소를 구조적 측면과 문화적 측면으로 양분하여 설명하고 있다. 구조적 차원의 경우 사회자본은 다시 '사회적 네트워크와 사회적 연대' 및 '사회적 참여와 자발적 결사체'로, 문화적 측면에서의 사회자본은 '일반화된 신뢰'와 '시민적 규범 및 호혜성'으로 나뉜다. 요컨대 사회자본은 사회문화적 측면에서의 신뢰, 개인이나 집단들이 형성하는 관계 패턴으로서의 사회적 연결망, 그리고 보다 적극적인 결사체 활동을 통한 능동적 사회참여 등의 세 가지 차원으로 크게 구분될 수 있다. 그리고 이들 신뢰나 네트워크 및 시민활동은 협력적 계획의 성패를 가늠하는 사회적 조건이나 환경으로 작용한다.

소통적 장소만들기의 과정은 그 자체가 사회적 자본 형성의 도구가 될 수도 있어, 외국의 비영리단체들은 장소만들기의 과정을 사회적 자본형성에 적극적으로 사용하고 있다. 일례로 미국 필라델피아 북부 도심에 있는 '비영리단체 예술과 자애의 마을(Village of Arts and Humanities)'은 장소만들기 과정 속에서 사회적 자본을 효과적으로 축적하여 지역개발에 사용하고 있다. 1986년 예술가 예(Lily Yeh)는 실험적으로 지역의 한 버려진 땅을 공원으로 개조하기 시작하였다. 이 사업은 3년여에 걸쳐 이루어졌고 주민들은 이 과정 속에서 지역공동체의 능력을 발견하게 되어 '비영리단체 예술과 자애의 마을(Village of Arts and Humanities)'을 설립하게 된다. 그리고 이 단체는 예술활동을 매개로 한 지역 활성화 운동을 벌이고 있다. 어린이들을 위한 방과 후 예술학교와 극장을 운영하고 있고 지역특산품으로 공예품을 만들면서 경제발전의 실마리를 제공하고 있다. 그리고 이러한 것은 다시 외부 공간 개선에 대한 동력이 되어 현재까지 150개 이상의 빈 공간들이 공원, 정원, 녹지 공간, 과수원 등으로 변경되었다.[33]

또 영국의 비영리단체 그라운드워크(Ground Work)는 공원과 같은 외부 공간 조성을 지역 활성화 사업의 촉매제로 여긴다. 계획 및 설계를 위한 지속적인 의사소통 속에서 주민들 간의 상호관계가 이루어지고 눈에 보이는 물리적 환경 개선은 주민들에게 자신감을 가져다주어 지역의 다른 공동사업을 진행할 여지들을 만들어 낸다고 보기 때문이다. 환경 개선사업은 사람들 간의 새로운 이해, 네트워크, 관용을 성립시키기 위한 메커니즘을 형성할 수 있다는 것이다. 이러한 전략은 성공하여 오늘날 그라운드워크는 물리적 환경 개선 사업뿐만 아니라 교육, 직업교육, 청소년 관련 사업, 기업체 지원 등의 사업으로 역할을 확대하고 있다.[34]

II

소통적 장소만들기를 위한 전환

앞에서는 소통적 장소만들기의 개념에 대해서 알아보았으니, 이제는 '실천'을 논할 차례이다. 그런데 '그냥 이렇게 하자'라고 해서 가능하지는 않을 것이며, 장소만들기를 둘러싼 현재의 다양한 여건이 소통적 장소만들기가 가능한 조건으로 전환되어야 할 것이다. 거시적 차원에서는 사회제도와 행정체계, 미시적 차원에서는 개별 행위자, 특히 전문가의 역할 변화, 시민들의 태도 변화 등등이 있다. 사회제도적 측면에서 뒷받침이 없다면 개별행위자의 노력은 지속적이지 못할 것이며 사회제도적 측면에서 뒷받침이 있더라도 개별행위자가 따라 주지 않는다면 효과를 거두기 어렵기 때문이다. 본 장에서는 이와 같은 내용에 대해서 논하겠으며, 저자가 2006년 1년 동안 머무르면서 연구했던 영국의 사례를 덧붙여, 전환에 관한 하나의 모델을 제시하고자 한다. 물론 이를 참조하되, 우리만의, 우리한테 적합한 모델을 발전시켜야 할 것이다.

본격적 논의를 시작하기 전에 제2장에서 지속적으로 등장할 영국의 도시 뉴캐슬에 대해서 소개하도록 하겠다. 북해로 흘러 들어가는 타인 강(Tyne River)에 면하는 뉴캐슬은 영국의 노스이스트 리젼 지역(North East Region)에 위치한다. 노스이스트는 다시 네 개의 서브리젼(Sub-Region)으로 나뉘는데, 노섬벌랜드(Northumberland), 티스 밸리(Tees Valley), 컨트리 덜함(Country Durham), 타인 앤 웨어(Tyne and Wear)이다. 뉴캐슬은 이 중 타인 앤 웨어(Tyne and Wear)에 속한다. 타인 앤 웨어는 뉴캐슬(Newcastle upon Tyne), 게이츠헤드(Gatehead), 선덜랜드(Sunderland), 노스타인사이드(North Tyneside)

와 사우스타인사이드(South Tyneside) 다섯 도시로 구성된다. 다른 서브리전과 비교해 인구가 가장 많아 지역의 반 정도의 인구가 거주한다.

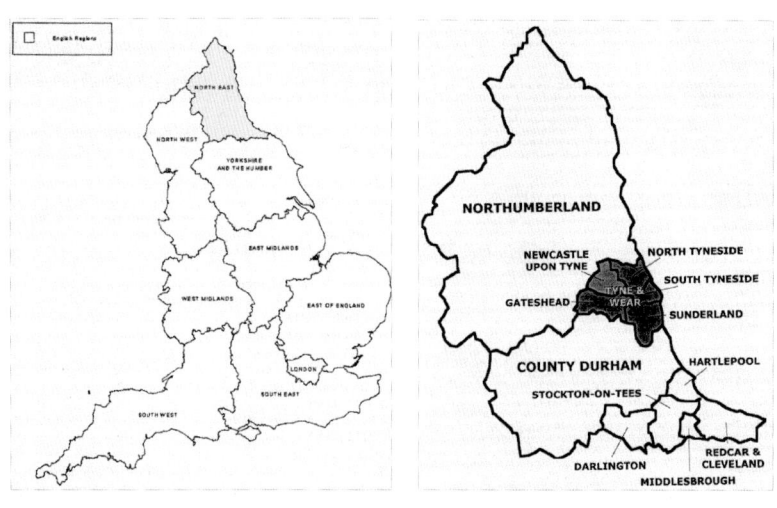

〈그림 2-1〉 영국의 리전(Regions)

〈그림 2-2〉
노섬벌랜드(Northmumberland)에서
뉴캐슬(Newcastle upon Tyne)

영국의 많은 지방 도시들이 18세기의 산업혁명에 기원을 두는데 반해, 뉴캐슬의 역사는 길어 로마시대 로마 군단의 북진기지로 이용되었고, 당시의 위치와 크기는 도시의 원형이 되었다. 석탄산업과 조선업이 유명했으나, 점차적으로 쇠락해 타인 강가의 큐사이드(Qauyside) 프로젝트 등 다양한 재활성화 사업을 추진하고 있다. 2001년 조사에 따르면 인구는 189,863명이고, 총 26개의 워드(Ward)로 구성되어 있다. 워드는 서울시의 구에 해당된다고 할 수 있는데 선거권을 갖는 최소 단위이다.

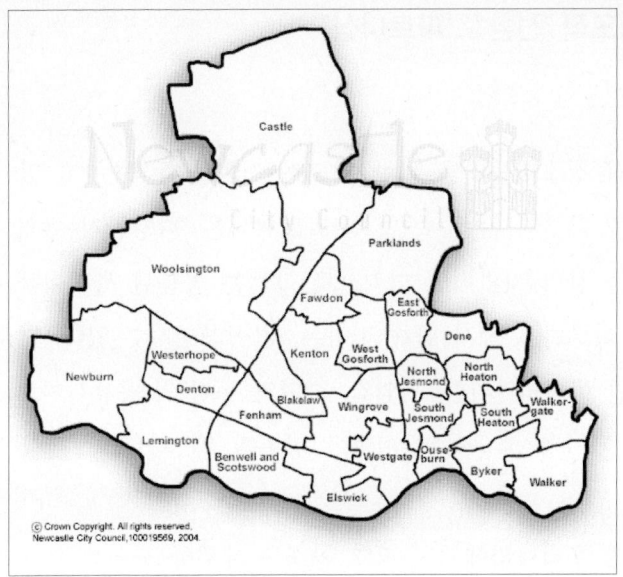

〈그림 2-3〉 뉴캐슬의 워드(Ward)

1. 제도적 전환: '파트너십'

소통적 장소만들기를 위한 제도적 전환을 논하는 데 있어서 파트너십을 다루지 않을 수 없다. 파트너십은 '다양한 분야의 다양한 행위자들 간의 자발적인 협력으로 그들은 공통된 목적이나 특정한 요구를 이루기 위해서 함께 일하는 것'이라 할 수 있다. 단순히 결과물뿐만 아니라 '위험, 책임감, 수단과 능력'의 공유까지도 포함할 것이고 각자가 추구하는 이익이 공통될 때 파트너십은 시작될 수 있다.

그런데 우리나라에서 우리의 환경을 계획하고 설계하는 데 있어서 파트너십은 어떠한가? 파트너십은 있는가? 계획 및 설계를 의뢰받은 전문가는 누구를 프로젝트의 파트너로 보는가? 조금씩 나아지고는 있지만 공무원과 전문가는 가장 굳건하게 파트너십을 형성할 것이며, 개인적 경험을 참조하더라도 클라이언트는 지방정부, 구체적으로는 프로젝트를 담당하는 공무원으로 인식된다. 여기에 '주민'은 빠진다. 그렇다면 '주민'이 들어갔을 때는 어떻게 파트너십을 형성해야 하는지? 어떻게 해야 전문가가 '주민'을 클라이언트로 여기게 될 수 있을까? 물론 이에 대한 답은 다양할 것이다. 영국의 사례를 통해서 하나의 답을 제시하고자 한다.

□ 영국의 사례[35)

1) 파트너십의 배경

(1) La21과 파트너십

영국에서는 '지방의제21(Local Agenda 21 Action)'에 기초하여 파트너십과 지속 가능한 개발의 관계가 탐색되었다. 잘 알려졌다시피 지방의제(Local Agenda)는 180개국이 참가한 1992년 리오 데 자네이르에서 있었던 'Earth Summit'에 포함된다. 지방의제21 중 Article 10은 "환경적 주제는 모든 관심 있는 시민들이 참여할때 가장 잘 다루어질 수 있다. 적절한 수준에서 말이다."라고 명시한다. 파트너십과 관련된 문구다. 또 여기서는 "가능한 한 관련된 모든 이들과 단체가 참여해야 하고, 비정부 집단을 비롯해서 다양한 집단이 참여하도록 독려해야 한다."고 요구하고 있다. 더불어 1996년까지 각 국가의 모든 지방정부는 주민과 지방의제21에 대한 협의의 과정(consultative process)을 가져야 하며 이에 대해 동의를 얻을 것을 요구하고 있다.

이에 많은 나라는 자국에 적합한 지속 가능성을 이룰 수 있도록 프로그램을 개발하여 지방의제21을 수용했다. 영국의 경우, 몇몇 지방정부는 1993년 말부터 지방의제21 프로그램을 제도화하기 시작했고 중앙정부는 1994년 국가 차원에서 지속 가능한 개발을 위한 전략을 발표했다. 이 전략은 1999년에 수정되었는데, 다음과 같이 천명하고 있다. "지속 가능한 개발의 핵심은 현재와 미래의 세대 모두를 위해서 보다 나은 삶의 질을 보장하는 것이다(DETR,

1999)." 이를 위해 지방정부는 '사람들과 가장 가까운 정부'라는 지위를 활용해야 했고 '대중을 교육하고, 추동시키고 대응하면서' 지속 가능한 개발을 진전시켜야 했다(UNCED, 1992: 28.1).

영(S. Young, 1996), 데이비슨(S. Davidson, 1998)을 비롯한 많은 이론가들은 영국에서의 주인 참여는 지방의제21과 긴밀한 관계를 갖는다고 본다. 영국정부는 지방의제21을 진행하면서 지방정부에 파트너, 즉 제3섹터, 집단이나 개인으로 존재하는 커뮤니티 구성원과 함께 일하도록 요구했다. 지속 가능한 개발을 위한 국가적 전략이나 사회의 다양한 분야에 파트너를 참여시킴으로써, 커뮤니티의 삶의 질과 지속 가능성을 높일 수 있다고 보았기 때문이다. 이에 지방정부는 지방의제 실천과 함께 대중의 참여를 촉진시키기 위한 정책적 전환을 고민하기 시작했다. 물론 공원 및 녹지의 개발과 관리에도 적용되었다. 1996년 그린할르와 워폴(L. Greenhalgh and K. Worpole, 1996: 1)은 "공원과 공원에 대한 논쟁은 새로운 형태의 참여에 중심이 될 잠재성이 있다. LA21의 목적과도 일치한다(parks, and debates about them, have the potential to become important focal points for new forms of shared engagement, consistent with the purposes of Agenda 21)."고 예언했었는데, 이제는 현실이 되었다.

뉴캐슬의 경우 2002년 LA21 실천을 위해 전폭적으로 조직을 개편했는데, 영국에서도 획기적이라는 평을 받고 있다. 특히, 공원과 교외 서비스 분야(Parks and Countryside Services Section)에 대한 지방정부의 신조는 "공공을 참여시키고, 주민이 원하는 것을 찾아내 서비스의 기초로 한다(engage the public, find out what they want and channel this information to the grounds maintenance service)." 를 신조로 삼고 있다(Dunnett et al. 2002: 138).

(2) 공원·녹지에 대한 지원금과 파트너십

파트너십 촉진의 또 다른 배경으로 이야기되고 있는 것이 공원·녹지와 관련한 예산의 삭감이다. 영국에서의 녹지공간에 대한 지방정부의 예산은 세입구조를 통해서 중앙정부의 지원을 받고 있다. 그런데 공원과 녹지를 위한 지원금이 별도로 지정되어 있지 않다. 전통적으로 녹지공간에 대한 지원은 도서관, 소비Ⅱ 소비호, 쓰레기 처리 같은 공공 분야를 포괄하는 환경적, 문화적 서비스에 포함되어 있다. 그리고 공원과 녹지에 대한 세출은 법적인 의무사항이 아니라, 예산이 삭감될 경우 영향을 쉽게 받을 수 있다. 공원과 녹지에 대한 예산은 가변적인 것이다.

실제로 영국에서는 1980년대 후반, CCT(Compulsory Competitive Tendering)의 도입으로 예산이 삭감되자 공원녹지에 대한 지출이 줄었고 공원과 녹지가 훼손되는 이유가 되었다. CCT는 1980년대 영국의 보수당이 도입한 것으로 경쟁을 통해서 지방정부가 효율적이고 건강한 서비스를 제공하도록 하겠다는것을 목적으로 한다. 그러나 비용절감, 특히 인건비절감이라는 문제를 낳았다. 이러한 폐단으로 CCT는 1990년대 'Best Value'로 발전했다. 지방정부의 질을 경제성(economy), 효율성(efficiency), 효과(effectiveness)라는 측면에서 측정하는 것이다.

지원금 부족으로 인한 공원의 쇠퇴를 막기 위해, 중앙정부는 다양한 중앙정부 부처와 로터리 프로그램 등을 통해서 재정적 지원을 하고 있다. 지방의 민간기업 또한 지원금에 대한 스폰서 역할을 하고 있긴 하지만 필요한 예산에는 턱없이 모자란 편이라, 많은 지방정부가 중앙정부의 지원금과 로터리 펀드 프로그램을 이용하고 있다.

이러한 지원금에도 물론 문제는 있다. 주로 유적, 아주 심각한 훼손, 새로운 개발이나 주택 건축과 관련되어 있어, 지방정부가 필요한 분야와 맞지 않을 수 있으며, 기간도 보통 3년에서 5년으로 한정되어 지방정부가 장기적 계획을 세우는 데 한계가 있다. 또 제안서 제출부터 선정까지의 일련의 과정이 관료적인 경향도 있다. 그럼에도 불구하고 지원금에 대한 지방정부의 의존도는 2001년 이후로 매해 5%씩 증가하고 있다.

그런데 이러한 지원금 중 많은 수가 지방정부가 아닌 커뮤니티에 직접 제공되고 있다는 데 주목해야 한다. 즉 직접적으로 커뮤니티의 참여와 임파워먼트를 요구하고 있는 것이다. 이것은 1997년에 시작된 헤리티지 로터리 펀드에서부터 비롯된다. 참여를 통한 주인 의식의 향상과 노동력 제공 등 커뮤니티가 갖고 있는 다양한 자원은 도시공원의 쇠퇴를 막을 수 있다고 보았기 때문이다.

2006년 사업이 종료된 '도어스텝그린(Doorstep Greens)'이라는 프로그램을 살펴보자. 주최자는 컨트리 에이전시(The Country Agency)로 중앙정부의 지원을 받으며 빅로터리 펀드(Big Lottery Fund)의 기금을 받아 사업을 펼쳤다. 2001년부터 2003년까지 200팀을 선정해 지원해 주었고 2006년 모든 사업원해 사까지 종료되었다. 이 기금에 대한 신청원해두 단계로 이루어졌는데, 첫 번째는 피겨빌리티 스터디(feasibility study)로 우리나라 식으로 한다면 기본구상 또는 기본계획 단계라 할)로 우리나라이 단계에서는 현황 분석 및 마스터 플랜을 첨부해 기금을 신청해야 하고꾼라이에 대한 평가 후 실제해 사와 관리에 드는 비용이 지원되었다. 지방정부가 아닌 주민만이 신청할)로 우고 파트너십과 주민 참여의 정도는 중요한 평가 기준이 되었다. 이 기금의 또 다른 특징은 지역별로 어드바이져(Adviser)를해두고꾼라조언과 실천적 보조도 해 주었다는 것이다. 역으로 이는 대상지별로 사업이 잘 이루어지고 있는가를 감시하는 기능이기도 하다. 부총리실(Deputy Prime Minister)의 '리빙 스페이시스(Living Spaces)'라는 프로그램도 공공 외부 공간에 대한 지원을 해 주고 있는데, 이 또한 커뮤니티로부터 직접 제안서를 받는다.

2006년 3월 29일에는 영국극북동부지역(North - East Region)에서의 그동안의 프로젝트 진행을 기념하기 위한 행사가 열렸고, 기금을 받은 커뮤니티가 참석했다. 실내에서의 기념식이 끝난 후에는 사업대상지들을 방문했다.

〈사진 2 - 1〉 도어스텝그린(Doorsteps Greens) 사업 완료를 축하하기 위한 행사

그런데 지원금 신청과 관리의 구조는 복잡해 저소득층 커뮤니티의 경우 외부의 도움이 필요할 수도 있다. 이럴 경우, 지방정부가 커뮤니티를 돕기도 하고, 경우에 따라서는 직접 커뮤니티 그룹을 조직해 외부 지원금을 신청하도록 독려하기도 한다. 커뮤니티가 직접 지원금을 신청해야 하는 것 이외에도, 헤리티지를 지원하는 로

터리 펀드는 지방정부와 커뮤니티도 얼마 정도의 금액을 투자할 것을 요구한다. 이럴 경우 지방정부는 직접 현금을 내놓기도 하고, 커뮤니티는 노동력으로 대신하기도 한다. 이렇듯 지원금은 지방정부와 커뮤니티 그리고 다른 조직 간의 파트너십에 대한 기반이 된다.

2) 영국 뉴캐슬시의 웨이브리파크(Waverley Park) 사례

사례 연구는 2006년 4월부터 10월 사이에 이루어졌다. 주로 면담을 연구방법으로 사용했고, 리지스파크 프렌즈그룹의 회원들, 시의회 의원, 공무원, 공원 관리자, 일반이용자들, 공원 관리에 참여하는 경찰관, 조경가 등의 이야기를 들었고 보통 2회 정도의 만남을 가졌다.

(1) 웨이브리파크 개선의 과정

영국 뉴캐슬 시의 웨이브리파크는 1926년에 '레밍튼(Lemington) 어린이공원'으로 개장했다. 크기는 1.12ha로 저소득층을 위한 사회주택(social housing), 노인들을 위한 주택으로 둘러싸여 있고 형태는 말발굽 모양이다. 공원이 위치한 지역은 석탄광지였으나 1970년대 탄광산업이 후퇴하자 실직, 가난 같은 사회적 문제가 발생했고 공원은 마약 같은 범죄의 온상이 되었다. 2003년 공원녹지에 대한 지원금을 제공하는 도어스텝그린에 제출한 제안서에는, 웨이브리파크는 개의 분비물, 반달리즘, 사회적 문제로 쇠락했다고 기록되어 있다. 그린볼링잔디밭을 이용하는 이들이 있기는 하지만, 대부분의 공원 이용자는 공원을 통과동선으로만 이용할 뿐이었다. 이러한 문제로 뉴캐슬 시는 2002년 6월 공원 개선작업을 시작했다. 먼저 주민들의 의견을 물었고, 프렌즈그룹(FOWP: Friends of Waverley Park)이 조직되도록 도왔다.

〈사진 2-2〉 웨이브리파크의 전경

〈사진 2-3〉 웨이브리파크 프렌즈그룹의 회원과 지방정부의 공무원

2002년, FOWP는 도어스텝그린에 제출할 제안서 작성을 시작해, 2003년 5월에, 56,000파운드를 타 냈다. 2004년에는 Living Spaces에서 180,00파운드를 타 냈고, 2005년에는 59,000파운드를 뉴캐슬 시의회에서, 22,750파운드는 Sita Entrust에서 10,000파운드는 Single Regeneration Budget(SRB)에서 지원받았다. 이 덕으로 공사를 시작할 수 있었다. 2006년 봄에 공사완료를 계획했으나 2006년 말까지 지속되었고 원인은 반달리즘에 있었다. 이러한 과정을 거쳐 진행된 웨이브리 사례를 대상으로 몇 가지 질문을 던져 볼 수 있을 것이다.

① 누가, 어떻게 파트너십을 시작했는가?
② 파트너 각각의 역할은 무엇인가?
③ 파트너십은 성공적이었는가?

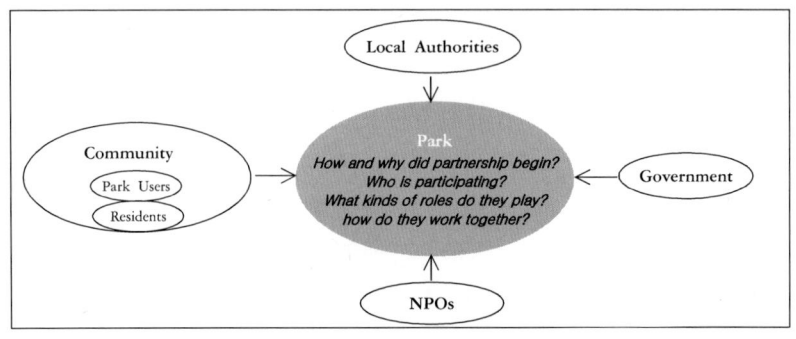

<그림 2-4> 파트너십의 구조와 몇 가지 질문

(2) 웨이브리파크에서의 파트너십

● **누가, 어떻게 파트너십을 시작했는가**

이에 대한 논의를 위해서는 뉴캐슬 시에서 공원녹지와 관련된 업무가 어떻게 진행되고 있는지 검토할 필요가 있겠다. 앞서 언급했듯이 LA21을 수행하기 위해 많은 영국의 지방정부가 행정조직과 절차를 개편했고 공원·녹지에 대한 업무도 이에 포함된다. 뉴캐슬의 경우 2000년 조직개편을 했는데, 긍정적인 평가를 받는다. 커뮤니티와 함께 서비스를 실행하겠다는 지방정부의 신조를 실천하기 위해 ROD와 ARDO라는 이원 구조로 도시내 공원과 녹지를 관리하고 있다.

우리나라로 치자면 시의 레크리에이션 개발부(Recreation Development)에는 공원녹지를 담당하는 공무원(RDO: Recreation Development)이 있고, 우리나라의 구에 해당하는 와드(ward)별로 다시 레크리에이션 개발부의 공무원(ARDO: Assistant Recreation Development Officer)이 있다. ARDO는 주민들과 정기적으로 만나고 주민들의 의견을 상부(RDO)에 보고한다. 웨이브리파크의 경우,

2002년 뉴캐슬 시의 RDO와 웨이브리파크가 위치한 레밍튼 와드 (Lemington Ward)의 ARDO가 처음 스타트를 끊었다. ARDO는 당시의 상황을 다음과 같이 설명한다.

공원은 무질서했고 폭력도 있었다. 그린 볼링을 하는 이들을 비롯해 공원 이용자들은 행복하지 않았다. 나와 ADO는 시의회와 함께 일해야 할 필요성을 느꼈고 주민을 참여시킬 수 있는 방법과 더 이상의 무질서를 방지해 주민들이 자신들의 공간에 프라이드를 갖게 할 수 있는 방법을 찾기 시작했다. 그래서 우리는 기꺼이 주민들의 집을 방문해 마을 회의에 나오도록 설득했다. 이것이 시작이 되었다.

There was an issue where there was a lot of abuse and disorder in the park and the bowlers were not happy about the area. Myself and the Recreation Development Officer both worked for the Council and we decided that we should work really closely with the Councillors. So we decided that the 리지스파크 way forward was to get the community involved in what happens in the park and maybe make them take some pride in where they are so that abusive disorder did not continue. So we essentially went around on people's doorsteps and asked them whether they wanted to come to one of our public meetings and that was how it started.

지방정부의 주요 파트너는 웨이브리파크의 프렌즈그룹인 FOWP (Friends of Waverley Park)가 된다. 프렌즈그룹 같은 녹지 공간과 관련된 커뮤니티 그룹의 다수는 1990년대 이후에 조직되었다. 옥크덴과 모더(N. Ockenden & S. Moore, 2003), 헤어와 넬슨(R. Hare

& J. B. Neilsen, 2003), 그리고 레이(M. Lai, 2002)는 거기에는 두 가지 이유가 있다고 보고 있다. 1990년대 후반에 시작된 지방정부 내부에서의 베스트밸류(Best Value)와 커뮤니티 참여를 요구하는 로터리 펀드(lottery fund) 같은 지원금 덕이다. 베스트밸류를 높이고자 하는 지방정부의 의지와, 공원 개선에 대한 지원금을 얻기 위해 웨이브리파크에서도 프렌즈그룹, 즉 FOWP가 조직되었다. 자발적이라고는 하지만, 처음 이니셔티브(initiative)한 것은 지방정부이다. ARDO는 이 과정에 대해서 다음과 같이 말한다.

> *우리는 사람들한테 리플릿을 돌리면서 참석하도록 부탁했어요. 그리고 "공원과 관련해서 원하는 것은 무엇인가?"라고 물어보았지요. 사람들이 "우리는 프렌즈그룹을 만들어야 한다."고 말하기를 원했어요. 그리고 프렌즈그룹이 있다면, 당신들은 지원금을 신청할 수 있다고 말해 주었죠.*
>
> *We asked if people wanted to dish leaflets out to everybody else who wanted to be involved or ask "what would you like to do with the park" and to make suggestions. We needed a few, committed, people to say "We should form a Friends group" and when you have got a Friends group or a Friends of the Park group, they can apply to funding schemes of some sort.*

또 다른 주요 파트너로는 조경가가 있다. 그는 디자인과 컨설턴트를 진행했다. 이 외 경찰관은 안전에 대해서 조언을 했고, 아이들은 공원에 설치될 작품을 만들었다. 이러한 파트너십을 통해 'Doorstep Greens', 'Living Spaces schemes', 'Sita Entrust', 'the SRB

Preparing for Change fund' 등에서 지원금을 받아내었다.

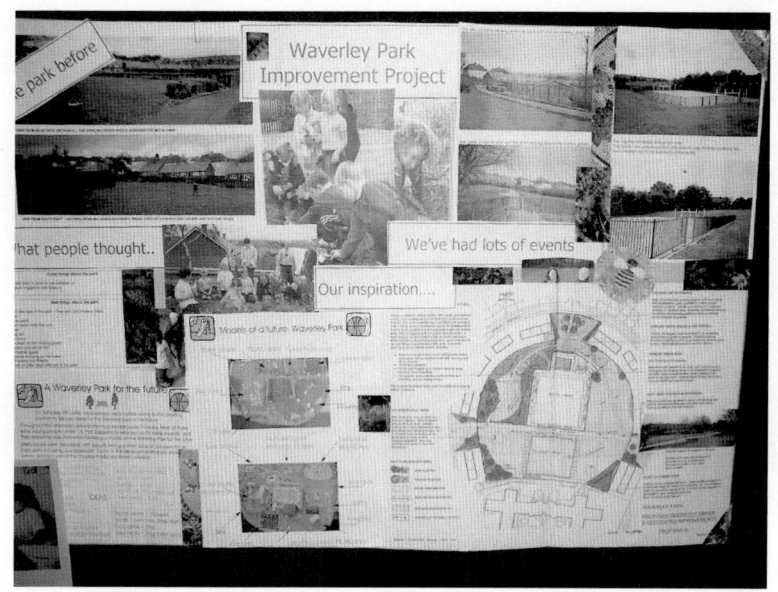

〈사진 2-4〉 웨이브리파크 진행 과정에 대한 패널. 프렌즈그룹 작성

● 파트너, 각각의 역할은 무엇인가

도어스텝그린에 제출한 신청서에는 FOWP가 리더로 되어 있고
다음과 같이 명시되어 있다. "프렌즈그룹은 프로젝트 제안서 작성
의 전 과정을 주도했고, 도어스텝그린에 지원금을 신청한다." 하지
만 여기에는 지방정부의 도움도 컸다. 지방정부는 경험이 부족한
FOWP를 위해 전체 과정에 대한 스케줄을 작성했고, 예산과 기금
에 대한 정보를 수집했다. 지방정부와 FOWP이 함께 프로젝트를
진행할 수 있었던 데는, 지방정부의 파트너십에 대한 적극적 태도
도 크게 작용했지만 RDO 개인의 열성도 있다. 조경가의 평가를

들어 보면 "웨이브리파크는 훌륭한 지방정부를 갖고 있다. RDO라는 공무원의 태도는 이 일에 있어서 아주 이상적이다" 이 RDO는 자신의 역할에 대해서 다음과 같이 이야기한다.

어떤 지역에서는 커뮤니티가 과정을 이끈다. 하지만 웨이브리파크 프로젝트는 내가 과정을 이끌고 있다. 이 지역에는 문제가 많고 그들은 도움을 필요로 하기 때문이다. 우리는 공원 개선을 진행하고 있다. 나는 그들이 조금 더 자신감을 갖게 되었다고 생각한다. 하지만 여전히 그들은 도움이 필요하다. 프렌즈그룹은 필수불가결하다. 그들은 공원 옆에 살기 때문이고 매일 이곳을 내려다본다. 그리고 그들은 자신들이 원하는 것을 알고 있다. 그들 없이, 이 프로젝트는 전혀 진행될 수가 없었다.

In certain areas, the community lead…… With this community, I have to lead. there are lots of problems in the area, and they need a lot of support. We are improving the park. I think that they will be a bit more self−sufficient but still think that it needs some support. The Friends Groups are absolutely essential they live next to the park, they look over it, they provide what {the community}want. Without them, there would not have been a way(forward on this project).

비록 프렌즈그룹은 지방정부의 지원을 받았지만, 부족한 경험 속에서도 커뮤니티와 지방정부 간의 중재자로서의 역할을 수행했다. 공원 개선과 관련된 이벤트, 모임, 전시 같은 작업을 이끌었고 커뮤니티 구성원의 의견을 묻기 위해 모임을 열기도 했다. 커뮤니티의 평가는 긍정적이다. "그녀(프렌즈그룹의 한 멤버)는 공원과 관련해서 사람들을 모으는 데 아주 열심이었다. 사람들한테 원하는 게 뭐냐고 물었고, 공원 개선을 위한 지원금 타 내는 일을 도왔다 (She(one of the members of FOWP) is very good at getting other people to help with the park. She asked what people wanted in the park. She helps by fund raising money for the park.)."

이 사례에서 조경가는 계획과 디자인에 대해 전문가적 지식과 기술을 제공했다. 그런데 성공적인 주민 참여를 위해서는 공원계획 및 설계와 관련된 정보와 기술 외에도 커뮤니티의 개발, 교육, 조직과 같은 분야에 대해서도 전문가적 정보와 기술이 필요한데, 여기에는 커뮤니티의 참여를 중시하는 도어스텝그린의 역할이 컸다. 이 단체는 지원금뿐만 아니라 조언과 실천적 보조도 해 주었다. 단순히 지원금만을 주는 곳과는 다른 운영방식이라 할 수 있다. 또 중앙정부는 도어스텝그린에 지원금을 제공하고 있어 간접적으로 프로젝트에 참여하고 있다고도 할 수 있다. 이런 간접적 참여는 커뮤니티의 독립성 유지에 도움이 되었다. RDO는 자신이 어떻게 도어스텝그린의 도움을 받았는가를 다음과 같이 이야기한다.

그녀는 어떻게 조경가를 지정해야 하는지, 은행에 통장을 개설해야 하는지, 다른 지원금에 신청할 수 있는지를 알려주었다. 그리고 우리와 함께 커뮤니티 모임에 참석했고 다른 지역의 프렌즈그룹의 모임에 웨이브리파크 프렌즈그룹을 초대하기도 했다. 다른 조직들이 네트워크를 갖고 서로 이해할 수 있는 기회도 제공했다. 또한 다른 펀딩 간의 연결도 유지하고 있다. 그녀는 가끔 전화해서, "언제 모임이 있어요? 제가 참석해도 되요?"라고 묻는다. 출판을 돕기도 한다. 그녀는 항상 무엇을 도와줄 수 있는지를 묻는다.

She{adviser of Doorstep Greens} supported us. From the very beginning after the initial contract with her, she gave all the supporting relevant documentation for things like points in landscape architecture or opening an account. she gave help in things like applying for a bigger grant, then once we got the bigger grant, she attended meetings, she invited groups{Friends of Waverley Park} to other events and she just kept the momentum going. She organized events where different groups could network and talk to each other. She is sending links to different funding bodies, so just keeping in contact. She would phone up and say "When is your meeting, can I come?" and help with publicity and she was always asking how she could help.

- **파트너십은 성공적이었는가**

파트너십의 성공과 관련해서 두 가지 이슈를 제기할 수 있을 것이다. 첫 번째는 '이해당사자들 간의 갈등이 없어야 성공한 사례인가?'이다. 두 번째는 '결과물이 좋아야 성공한 것인가?'이다. 먼저 갈등과 관련해서는, 항상 의견이 일치할 수만은 없고 갈등 또한 피할 수 없으며, 갈등이 꼭 부정적인 것만은 아니라고 할 수 있다. 힐리(P. Healey, 2006)가 지적하듯이 논쟁과 갈등으로 프로젝트는 활력을 가질 수 있을 것이고, 갈등 해결 과정은 자신들이 원하는 바와 결과물에 대해 다시 검토할 수 있는 기회를 제공하기 때문이다.

웨이브리파크 사례에서, 눈에 띄는 갈등은 다른 집단들 간의 갈등보다는 커뮤니티 내 구성원들 간의 갈등이었다. 노인들과 청소년들 간의 갈등이 가장 컸다. 노인들은 볼링 그린을 할 수 있는 녹지를 원했지만, 청소년들은 축구를 할 수 있는 녹지를 원했다. 작은 축구장을 조성해 주어 이 갈등은 해결될 수 있었다. 또 다른 문제는 많은 주민들이 자신들의 집 근처에 놀이터가 만들어지는 것을 원하지 않았다는 것이다. 이것은 FOWP의 중재와 조경가의 아이디어로 해결할 수 있었다.

이 프로젝트에서 커뮤니티와 지방정부 간에 그리고 다른 파트너들 사이에 갈등이 많지 않았던 것은, 공원을 개선시켜야 하는 이유에 대해 모두가 동감하고 있었기 때문이다. 게다가 위에서 말했듯이 커뮤니티와 파트너십에 대한 지방정부의 태도 덕분이기도 한데, 적극적인 ARDO와 프렌즈그룹은 여러 관계의 중심에 서서 열심히 중재를 했다.

다음으로 이야기해 봐야 할 것이 '눈에 보이는 결과물과 과정'에 대한 것이다. Roe(2000b)의 언급처럼 성공을 평가하는 데 있어 물리적 결과뿐만 아니라 참여자들의 만족, 주인 의식, 프로젝트에 대한 지속적인 참여도 기준이 될 수 있기 때문이다. 웨이브리파크는 개장식을 미룰 정도로 청소년들의 반달리즘이 심해 결과에 있어서는 성공적이라 할 수 없다. 하지만 과정과 지속성에 있어서는 긍정적 평가를 내릴 수 있다. 참여자들은 가능한 한 커뮤니티와 함께 과정을 진행하려 애썼고 갈등이 일었을 경우 다양한 방법으로 해결하려 노력했다. 더불어 아래 경찰관의 말처럼, 파트너들은 공원이 완성된 이후에도 반달리즘을 감소시킬 여러 방도를 찾고 있다. 즉 포기하지 않은 것이다.

우리는 여전히 청소년들이 놀이시설물에서 무질서하게 굴고 술을 마신다는 전화를 받는다. 공무원들과도 이에 대해서 논의를 했

다. 그리고 이 문제가 어느 정도 해결되면 공원을 공식적으로 개장할 계획을 세우고 있다. 그리고 공원 디자인 과정에 참여했던 지역 초등학교 학생들도 초대할 것이다.

We still receive some calls regarding youth disorder and drinking in the youth shelter that is in the park. There has been some discussion with the Local Authority and they are planning on having an official opening of the park when it is finally complete and they are going to invite the local Primary Schools who had an input into the design process of the park.

계획과 디자인을 이끌었던 조경가는 이러한 반달리즘이 공원의 가치를 떨어트린다고 믿고 있다. 하지만 FOWP의 구성원들은 공원의 현재 상태에 만족하고 있다.

오랜 기간 동안 공원은 방치되어 왔다. 그리고 아무도 공원에 관심을 갖지 않았다. 하지만 지금은 뭔가가 이루어지고 있다. 사람들은 공원을 모든 세대에게 유용한 공간으로 생각하고 있다.

It has been neglected for a long time and nobody has been interested but now something is being done and they can see things happening. People can now think that it is actually going to be a very nice usable place for people of all ages.

- **종합**

다음 그림과 같이, 웨이브리파크 프로젝트의 주요 파트너는 프렌즈그룹과 지방정부였다. 더불어 커뮤니티의 나머지 주민들과 돈과 조언을 제공해주는 외부의 조직체도 또 다른 파트너였다. 위에서 말했듯이, 영국에는 지원금을 제공해 주는 다양한 단체가 있지만 커뮤니티의 일반적인 사람들은 그러한 접근에 어려움을 가질뿐더러 지원금을 얻는 데 대한 노하우도 부족하다. 그래서 지방정부나 NPO의 도움이 필요하다. 웨이브리파크의 경우 이 역할은 뉴캐슬 시의 공무원이 했다. 이것은 앞에서도 말했듯이 LA21에 의해 뉴캐슬이 커뮤니티의 참여를 촉진하기 위한 방식으로 행정조직을 대폭 조정했기 때문에 가능한 것이다. 또 'Country Agency' 같은 지원금은 재정적인 것뿐만이 아니라 프로젝트 진행에 대한 자문까지 했다. 이것은 중앙정부가 간접적으로 참여한 것이라고 할 수 있다.

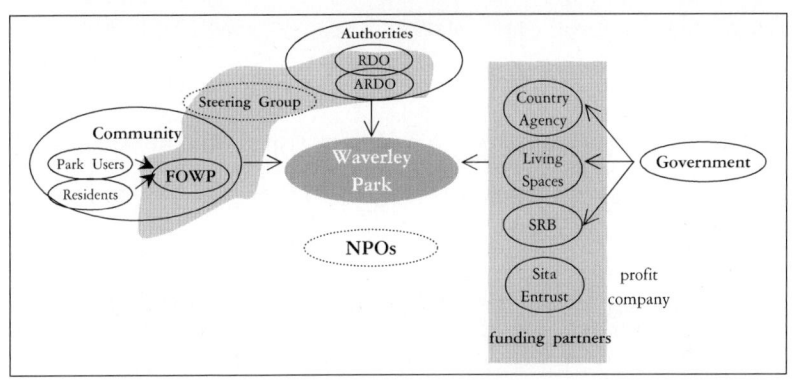

〈그림 2-5〉 웨이브리파크 파트너십의 특징

2. 전문가: 소통하는 '전문가', 촉진자로서의 '전문가'

앞에서 의사소통적 행위로서 장소만들기는 성찰적이고 심의적 실천임을 논하였다. 이에 전문가는 스스로 성찰해야 함은 물론 참여하는 주민들 스스로가 성찰할 수 있도록 도와주어야 한다. '문제해결자'에 한정되었던 기존 전문가의 역할에 대한 고민이 필요한 지점이다. 그런데 일반 대중의 '참여'가 중요시되는 민주주의 시대, 전문가의 역할에 대한 고민은 단지 장소만들기와 관련된 도시·건축 분야만의 이야기는 아니다. 피셔(Frank Fischer, 2000: 1-4)는 시민의 평등, 대중의 여론, 선택의 자유를 강조하는 민주주의는 과학적인 이성과 계산하는 정신을 가진 전문가와 불편한 관계에 있다고 본다. 시민의 참여는 민주주의의 핵심이긴 하지만 사회적, 기술적으로 복잡한 현대사회에서 전문지식이 부족한 시민들이 의사결정에 참여하는 것이 가능한가에 대한 의문이 생기기 때문이다. 그러나 벡(Ulrich Beck)은 오늘날 같은 위험사회[36]에서의 정책에 대한 의사결정은 기술적 지식뿐만 아니라 정치적이고 규범적인 질문도 필요한데, 정치적 목적에 대한 사회적 판단에 관해서는 전문가들 또한 일반인이라 그들의 역할에는 한계가 있다고 본다.

이에 피셔는 전문가의 분석과 지식에 대한 사회적 판단은 시민의 역할이며 전문가는 이러한 판단을 촉구하는 역할, 즉 사회적 성찰을 촉진하는 촉진자(facilitator)로서의 역할에 대해 고민할 것을 요구한다. 그는 촉진자로서의 전문가의 역할에 대한 개념정리를 부룩필드(Stephen D. Brookfield)의 도움을 받고 있다. 부룩필드

(Stephen D. Brookfield, 1986: 182 - 183)는 촉진(facilitation)을 "자신들의 경험을 해석하는 대안적 방법을 찾는 도전적인 학습자들의 과정, 학습자들이 스스로 비판적으로 자신들의 가치와 행위의 방법, 삶의 법칙들을 비판적으로 검토할수 있는 생각들과 태도들을 제시하는 과정"으로 정의하고 있다. 따라서 촉진자(facilitator)로서의 전문가는 "주민들에게 질문을 하여 그들 스스로 자신들의 이익을 검토하도록 하는 것이다. 그리고 주민들이 자신들의 언어로 전문가들이 제시한 질문에 대한 답을 할 수 있도록 정보를 제공하고 스스로 학습할 수 있도록 도와주는 것(Frank Fischer, 2000: 67)"이다.

그리고 성찰적 실천을 주장했던 숀은 비슷한 개념으로서 대리인(agent)을 제시한다.

"사회 상황과 반성적 대화를 하는 대리인으로서의 전문가는 기술적인 전문가로서 닫혀 있기보다는 행위 속에서 성찰(reflection - in - action)의 과정을 발전시켜야 한다. 그리고 '무엇을, 왜, 어떻게'라는 질문 속에서, 실천 행위를 수행·비판하여 과정을 재구조화하고 재평가할 것인가에 대한 생각을 발전시켜야 한다."[37]

장소만들기와 관련해서도 비슷한 언급들을 찾아볼 수 있다. 톰슨(Tompson)은 디자이너들은 이용자들이 참여할 수 있도록 독려하고 분파들 간의 협의를 구하는 중개인이 될 필요가 있다고 강조하였다.[38] 그리고 포테거(Mattehew Potteiger)와 프린튼(Jamie Purinton)은 장소는 장소에 밀착된 개인적이고 사회적인 경험의 층위들 속에서 진화하기 때문에 조경가가 독단적으로 장소의 의미를 부여할 것이 아니라 장소가 갖는 다양한 이야기들과 기억들이 교환될 수 있도록 유인해야 한다고 본다. 로(Maggie H Roe)와 로우(Maisie

Rowe)도 비슷한 주장을 하였는데, 다양한 집단들과 개인들을 다루는 주민 참여 환경계획 및 설계에서 동의를 구하는 것은 매우 어려워 전문가는 집단과의 의사소통에 어려움을 겪고 있으므로 촉진자로서의 훈련이 필요하다고 보았다.[39]

그리고 로우(Maisie Rowe)와 웨일즈(Andy Wales)는 다음과 같이 장소만들기에서의 촉진자의 역할을 구체적으로 정리하고 있다.[40]

① 지역민들과 다른 프로젝트 관련자들을 결합시켜 프로젝트 파트너십을 발전시킨다.
② 정보와 다양한 전문가 의견을 제공한다.
③ 집단의 역동성과 지역민들의 기대를 조절한다.
④ 프로젝트를 넓은 맥락에서 인식하고 미래에 대한 가능성들에 대해 인식한다.

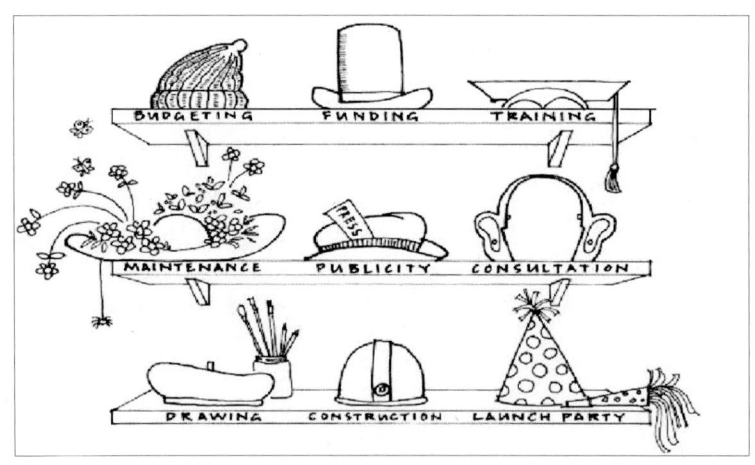

주: 단지 문제해결자가 아니라 촉진자, 조정자이기도 한 전문가는 때로는 파티 주도, 교육, 상담도 해야 한다.
자료: Maisie Rowe and Andy Wales, Changing Estates: A Facilitator's Guide to Making Community Environment Projects Work(London: Groundwork Hackney, 1999), p.6.

〈그림 2-6〉 전문가의 다양한 역할

그러나 전문가가 중립적인 태도를 취해야 한다는 것은 아니다. 전문가는 전체 과정을 이끌고 중재하기도 하지만 어엿한 참여자이기도 하다. 따라서 자신의 주관적인 관심이나 이해 사항을 설명할 수 있다.[41]

이렇듯 소통적 행위로서의 장소만들기를 성찰적으로, 심의적으로 실천해야 하는 전문가는 최종 결과물을 제시하는 해결자에서 벗어나 촉진자, 해석자, 중개인으로서의 역할에 대한 고민이 필요하고 교육과 훈련의 과정에서도 변화가 요구된다.

장소만들기의 사회적 책임에 대한 이론적·실천적 토대를 소통행위이론에서 찾는 브라운(Kyle D. Brown, 2002)은 대학에서의 교육의 변화를 역설했다. 이제까지는 기술적 기교(technical skills)를 중시하는 커리큘럼 속에서 도시·건축에 대한 교육이 이루어졌으나 이와 함께 소통적 행위 기술(communicative action skills)에 대한 교육도 필요하다는 것이다. 그리고 본 연구의 앞 절에서도 확인했듯이, 소통의 과정은 어느 정도 임의적 행위(discretionary action)의 성격을 갖기 때문에 실천적 판단력을 기르는 훈련이 필요하다는 것이다. 실천적 판단이란 상황에 민감해지고 주의 깊은 윤리적 즉 홍성을 발휘함을 말한다(John Forester, 2001: 225).

다음은 2006년 영국의 뉴캐슬 대학 조경학과 교수인 마기 로(Maggie Roe)와의 인터뷰[42]로서, 소통적 장소만들기를 위한 전문가의 태도에 대해서 살펴볼 수 있다.

❏ 마기 로와의 인터뷰: Communication as well as drawing is important

장소: 뉴캐슬 대학교 마기로의 연구실
일자: 2006년 5월

1. Kim: Thank you for accepting this interview. You said, in the book 'Landscape and Sustainability', social aspects of landscape architecture for sustainability, namely community and community participation. Usually, in the area of landscape architecture, when we talk about an issue of sustainability, the environmentally friendly design and technique is given great importance, so I have been interested in your comments. Can you introduce yourself briefly, and explain how community participation can contribute to sustainability?

인터뷰를 수락해 주셔서 감사합니다. 책 '경관과 지속 가능성'에서 지속 가능을 위한 조경의 사회적 측면, 즉 커뮤니티와 커뮤니티의 참여에 대해서 이야기하셨습니다. 조경 분야에서 지속 가능성에 대해 이야기할 때는, 주로 친환경적 설계나 기법이 다루어집니다. 그래서 교수님 이야기가 흥미로웠습니다. 간단한 소개와 함께 어떻게 주민 참여가 지속 가능성에 기여할 수 있는지 설명해주시겠습니까?

Maggie Roe: I have long been interested in the relationship between people and the sustainability of landscape. The 'stool' or components of sustainability are commonly illustrated as having 3 'legs': that is economic, ecology and social issues. I have been at Newcastle University now for about 13 years and before that I was in landscape architectural practice with Woolerton Truscott and before that with David Bellamy Associates in Durham. During my period in practice I came to see the need for good research as the basis for work in practice. I was very frustrated that often projects would not allow the time or the finance to allow for adequate research as the background to project work.

저는 오랜 기간 동안 사람과 경관의 지속 가능성의 관계에 관심 가져 왔습니다. 지속 가능성이라는 의자를 구성하는 다리로 보통 세 가지가 이야기됩니다. 즉 경제, 생태, 사회적 이슈가 그것들입니다. 나는 뉴캐슬 대학에서 현재까지 13년 동안 일하고 있고 그리고 이전에는 'Woolerton Truscott' 그리고 더 이전에는 'David Bellamy Associate'에서 조경 관련 일을 해 왔습니다. 일하는 동안 실천의 기반이 되는 좋은 연구가 필요하다고 봤습니다. 프로젝트의 기초가 되는 연구에 대한 시간적, 재정적 여유가 없는 것에 실망 했었습니다.

This then encouraged me into further academic study at Harvard where my work under Professor Carl Steinitz in particular encouraged me to see the importance of looking at landscape planning from different cultural perspectives. When I returned to the UK I joined Newcastle University and a number of projects I worked on reinforced this understanding of people's input into decisions about the landscape. I then became interested in the methods for doing this and for the many other linked issues such as access to landscape, perceptions of landscape and the creation of 'cultural landscapes'. Underpinning all this was a fundamental idea that involvement of ordinary people in some way or another was necessary in order to achieve sustainable landscape planning and management.

그래서 하버드의 칼 스테이니츠 지도교수 아래에서 공부를 더 하게 되었고, 다른 문화적 관점에서 조경계획의 중요성을 볼 수 있었습니다. 다시 영국으로 돌아와서는 뉴캐슬 대학으로 왔고, 여러 프로젝트를 하면서 경관 관련 의사결정에 있어서의 참여에 대한 이해가 깊어졌습니다. 그러면서 이를 위한 방법과 관련 이슈들 —경관에 대한 인식, '문화적 경관'의 창조—에 대해 관심을 갖게 되었습니다. 기본적 생각은 평범한 사람들을 참여시키는 것은 지속 가능한 계획과 관리를 위해 필요하다는 것입니다.

2. Kim: The broader roles of landscape architecture may also involve participatory planning and design. So, you suggest, I think, new roles of landscape architects, such as facilitator, trainer and community builder. Could you please explain these roles simply?

참여적 계획과 디자인에 있어 조경가의 역할은 보다 넓은 것 같습니다. 그래서 당신이 촉진, 훈련, 커뮤니티 형성 같은 역할을 조경가의 새로운 역할로 제시한 같습니다. 그러한 역할에 대한 간단한 설명 부탁드립니다.

Maggie Roe: Yes, I mean I think that it is important that landscape architects understand that there are many roles they can play and in order to do that they need to understand when they learn landscape architecture, that they need to acquire many different skills, not just traditional skills such as drawing. What has happened here at Newcastle, in terms of my own teaching and also in terms of many other people's teaching, is that we now also provide the understanding that perhaps the process as well as the product is important in project work.

네, 조경가들이 스스로 실행할 수 있는 역할을 이해하는 것이 필요하다고 생각합니다. 이를 위해서는 조경을 배울 때, 단지 드로잉이라는 전통적인 기술뿐만 아니라 다양한 기술을 배울 필요가 있다는 것을 이해해야 합니다. 여기 뉴캐슬 대학교에서의 제 교육이나 다른 분들의 교육에서는 결과뿐만 아니라 과정 또한 중요하다는 것을 이해시키려고 하고 있습니다.

So as someone involved in community landscape architecture or participatory work you need to have the skills to carry out a number of different aspects of work including perhaps acting as a facilitator in community consultation. Analysis and interpretation of the information you then obtain is also particularly important and the by-products of community working may be as important as the end-product.

커뮤니티 조경이나 참여적 작업에 참여한다면, 커뮤니티 컨설테이션에 있어서의 촉진자 같은 다양한 역할을 수행할 수 있는 기술이 필요합니다. 정보에 대한 분석이나 해석은 물론 중요할 것이며 커뮤니티 작업의 부산물들은 결과만큼이나 중요합니다.

For example by working with community groups you may help them realise that they do have something important to say and that someone is prepared to listen. What you need to be able to do is have enough understanding of community working or community issues in order to identify what the meaning of the project isas well as convert the information into a final product, which may or may not be a design.

일례로 당신은 커뮤니티와 일하면서 자신들의 의견이 중요하고, 또 누군가는 들을 준비가 되어 있다는 것을 깨닫게 해 줄 수가 있습니다. 당신이 해야 할 일은 커뮤니티 작업이나 커뮤니티의 이슈를 충분하게 이해하는 것입니다. 이것은 프로젝트의 의미를 명확히 하는 것뿐만 아니라 최종 작업을 위한 정보로 바꾸는 데 있어서도 필요합니다. 그런데 최종 작업은 디자인일 수도, 그렇지 않을 수도 있습니다.

Now, that doesn't mean to say that every landscape architect should be a community landscape architect: some people have strengths in certain areas, some people are very good designers, some are very good communicators and some are very good business people and that's fine. I think it's just important to make sure that you have a good grounding and understanding of what participation and community – based issues are and I think in my own background the student work I did had a strong influence on my understanding of this.

그렇다고 모든 조경가가 커뮤니티 조경가가 되어야 한다는 것은 아닙니다. 사람들마다 강점은 다를 것입니다. 어떤 사람들은 매우 좋은 디자이너이고, 어떤 사람들은 좋은 대화자일 것이고, 어떤 사람들은 좋은 사업가입니다. 그것으로 족합니다. 참여와 커뮤니티에 대한 이슈들에 대해 기초 지식과 이해를 갖는 것이 중요하다고 생각합니다. 저 같은 경우 학생시절의 작업에서 많은 영향을 받았습니다.

I was at Leeds Metropolitan University for my first(undergraduate) degree and there, in the final year, a third of the work was based on working on a community project where we actually engaged with the community and helped construct the design. This is a scheme that the Programme at Leeds has been running for many years and while I think it had a strong influence on me and on my understanding of community – based issues, I also think it has had a great influence on a whole generation of landscape architects who went through Leeds and are now out in practice.

리드 메트로폴리탄 대학에서 학부 수업을 받을 때, 마지막 학년 세 번째 작업이 커뮤니티 프로젝트 성격이었는데, 우리는 커뮤니티에 들어가 디자인을 도왔습니다. 리드에서의 프로그램은 오랜 기간 동안 지속되어 온 것이었고, 커뮤니티 관련 이슈들을 이해하는 데 많은 도움을 받았습니다. 리드를 거쳐 지금 실무를 하고 있는 세대는 리드의 작업에서 많은 영향을 받았다고 생각합니다.

> 3. Kim: These roles are new to me. I think that the social role of landscape architecture is broadening in Britain, and it is very interesting to me. Landscape architecture seems to be used to solve many social problems. Are my observations correct? What is your opinion?
>
> 그러한 역할은 제게는 새롭습니다. 영국에서 조경가의 사회적 역할은 넓어지고 있다고 생각합니다. 조경이 사회적 문제해결에 이용되는 것으로 보입니다. 저의 관찰이 맞습니까? 교수님의 생각은 어떻습니까?

Maggie Roe: Practice is changing and broadening. It's becoming more multi-disciplinary. I think many landscape projects in Britain need some kind of consultation. The level of this is very variable; it doesn't always involve the community. It often involves stakeholder groups or representatives of the community rather than the general public.

실천은 변하고 있고 넓어지고 있습니다. 점점 분야가 다양해지고 있습니다. 영국에서 많은 경관 프로젝트는 컨설테이션을 필요로 하고 있습니다. 수준은 매우 다양하고 항상 커뮤니티를 참여시키는 것도 아닙니다. 종종 일반적 대중보다는 이해관계집단이나 커뮤니티의 대표자들만을 참여시키기도 합니다.

However you say that you think that landscape architecture is being used to solve social problems – that I wouldn't agree with! I don't think that landscape architects work as social workers. I think that it would be going too far to say that landscape architects can solve social problems! Their role is changing, the work is changing and landscape architects sometimes feel out of their depth because it is sometimes not part of their professional education to understand community work to any great degree. I think landscape architects can make an important contribution in multi – disciplinary teams to identifying where problems lie and also in helping communities to help themselves in relation to the landscape, but that does not really help many underlying social problems such as unemployment or anti – social behaviour.

하지만 조경이 사회적 문제해결에 이용되고 있다는 생각에는 동의하지 않습니다. 또 조경가가 사회 운동가로서의 역할을 한다고 생각하지 않습니다. 조경가가 사회적 문제를 해결할 수 있다고 생각하는 것은 너무 지나칩니다. 그들의 역할과 일은 변하고 있습니다. 조경가들은 때때로 스스로의 깊이에 대해서 생각합니다. 왜냐하면 전문가 교육 과정에 커뮤니티 작업을 어느 수준까지 이해해야 한다는 것이 포함되지 않기 때문입니다. 저는 다분야 간의 협력 속에서 조경가들이 문제 상황을 명확히 규정하고 경관과 관련해서 커뮤니티 스스로가 자신들을 돕도록 하는 데 중요한 역할을 할 수 있다고 생각합니다. 하지만 이것이 실업이나 반사회적 행동 같은 사회적 문제해결을 돕는다는 것은 아닙니다.

Yes I think the thing is to really understand the range of the new issues, whether it is working with communities or working with big private clients or others. I think communication is a very important thing. It always was important in terms of drawing skills and talking to clients, and I think that what is even more important now, is what we might call, 'interpersonal communication' communicating directly with people whoever they are and whatever their involvement in the landscape project.

커뮤니티와 작업을 하든, 큰 개인 고객이나 다른 이들과 작업을 하든, 새로운 이슈의 범위를 이해해야 할 것입니다. 커뮤니케이션은 매우 중요합니다. 도면을 그리는 기술 차원에서나 고객과 이야기를 하는 차원에서나 중요합니다. 그리고 현재 무엇보다 중요한 것은 우리가 소위 '사람 간의 대화'라고 부르는 것입니다. 그들이 누구든지 간에 그리고 조경 프로젝트에서 그들의 참여가 어떠하든 간에 사람들과 직접적으로 대화하는 것은 매우 중요합니다.

I think the character of projects has changed a lot in the last 10 or 20 years. Although many projects have some kind of consultation, there are still not that many that you might call 'truly participatory' projects where landscape architects are involved. I think you would find it quite difficult to find such cases. While there is a lot of community work going on, not all is done by landscape architects; it may be done by other people who are interested in landscape management, it may be by people such as

Park Rangers, people specifically employing to be experts in participatory action rather than landscape architects.

프로젝트의 성격들이 근 10 - 20년 사이에 많이 변했습니다. 비록 많은 프로젝트가 컨설테이션을 필요로 하지만, 소위 '진정한 참여' 프로젝트라고 부를 수 있는 것은 많지 않습니다. 아마도 그런 경우를 찾는 것은 매우 어려울 것입니다. 커뮤니티 작업은 증가하고 있는 반면에, 조경가들이 이를 수행하는 경우는 많지 않습니다. 경관 관리에 관심이 있는 사람들, 공원 관리자들이 참여하고 있습니다. 그리고 조경가들보다는 참여에 전문적인 사람들이 관여하고 있습니다.

So you know, this is also an interesting aspect in the development of landscape work. People are being employed specifically to take those roles on. While landscape architects may be involved with the project, the participatory landscape work is being carried by other people. Perhaps in organizations such as Groundwork and in some Local Council projects it is not the case and the participatory work is carried out by landscape architects. But also many projects are carried out by outreach officers rather than by landscape architects. These people may originally have been landscape architects but then they 'transformed' themselves into community officers. So that's quite interesting as well.

당신도 알겠지만, 이것은 조경 활동의 발전에 있어서 매우 흥미로운 일입니다. 그러한 역할을 하는 데 사람들이 고용되고 있습니다. 조경가들이 그러한 프로젝트에 포함되지 않는 반면, 다른 사람들이 참여적 조경 활동을 하고 있다. 그라운드 워크 같은 단체에서나 지방정부 프로젝트에서 조경가들이 수행하고 있지 않습니다. 조경가들보다는 공무원들이 수행하고 있습니다. 그들은 원래는 조경가였으나 커뮤니티 관련 일을 하는 공무원으로 자리를 옮겼습니다. 이것 또한 매우 흥미로운 일입니다.

4. Kim: What is the practical background to the importance of community and communication in UK?
영국에서 커뮤니티와 대화가 중요한 배경은 무엇입니까?

Maggie Roe: I think there has been more emphasis on community communication I suppose this has a lot to do with the political situation in this country. Things changed partly because of Agenda 21. This had quite a big influence on community work and particularly on public projects and public funding of projects. I suppose now the trouble is there is quite a lot of what I call 'lip service – based community working' that means people say the community is involvement but actually very, very little of the community is really involved.

영국에서 커뮤니티 커뮤니케이션에 대한 강조는 정치적 상황과 많은 관련이 있습니다. 부분적으로는 의제21때문에 변했습니다. 의제21은 커뮤니티에서의 작업 특히 공공영역의 프로젝트, 공공기금

이 투여되는 프로젝트에 많은 영향을 끼쳤습니다. 문제는 소위 '립
서비스에 기초를 둔 커뮤니티 작업'이 많다는 것입니다. 이것은 커
뮤니티가 참여했다고 하지만 사실상은 아주 최소한의 커뮤니티만
이 참여하는 것을 의미합니다.

The other issue is, that often people try to involve the
community in the project but it's actually often very difficult to do
that; some communities simply don't want to be involved and so
you tend to get a very patchy picture on community involvement.
So although there is a general political understanding or thinking
about the importance of community input, in practice there may be
little actual input. However I think if you look at the initiatives
such as Countryside Agency's rural initiatives there is a high level
of input and some kinds of community initiative can be quite
important. However the other issue is that a lot of time and money
is needed to carry out good community – based work and this is
often forgotten.

다른 이슈는, 프로젝트에 커뮤니티를 참여시키려고 노력하지만
사실상 매우 어렵다는 것입니다. 어떤 커뮤니티는 참여하는 것을
원하지 않습니다. 그래서 당신은 커뮤니티 참여에 있어 조각그림만
을 가질 경향이 있습니다. 커뮤니티 참여에 대한 중요성이 정치적
으로 이해되고 있고 고려되고 있다고 하지만, 실제적으로 참여는
적습니다. 컨츄리 에이전시의 농촌 사례를 보면, 높은 수준의 참여
가 있고 몇몇 종류의 커뮤니티 사례는 매우 중요할 수 있습니다.

하지만 커뮤니티에 중점을 두는 프로젝트를 제대로 실행하기 위해서는 많은 시간과 돈이 필요합니다. 그리고 이것은 가끔 잊힙니다.

I think most of the government agencies have a remit to include community consultation into their projects. This is often true in relation to environmental issues. I'm not saying this is participation but it may be consultation. So there are many different levels of participation and the understanding of this is very important. I think a lot of people confuse participation and consultation and say that there is participation when in fact it's consultation.

대부분의 정부기관들이 프로젝트에 커뮤니티 컨설테이션을 포함하려고 합니다. 환경적 이슈와 관련해서는 더욱 그렇습니다. 저는 참여라고 말하지 않고 컨설테이션이라고 말하고 있습니다. 참여에는 많은 수준이 있고 이것을 이해하는 것은 매우 중요합니다. 많은 사람들이 참여와 컨설테이션을 혼동합니다. 사실상 컨설테이션인데도 참여라고 말하기도 합니다.

5. Kim: I can guess the difference between consultation and participation. However, can you explain it more?
컨설테이션과 참여의 차이를 짐작할 수 있겠습니다. 하지만 좀 더 설명해 줄 수 있으세요?

Maggie Roe: Well, I think as you know it is considered that there are different levels of participation and communication with the public. 'Anstein's ladder' is often referred to in order to illustrate the different 'levels' of participation. At one end of the ladder you might have a kind of project that is initiated by the community or it might be at the other end of the ladder where a project doesn't involve the community at all. So in between these extremes there are many, many different types of projects and levels of participation.

당신도 참여와 대중과의 대화에 많은 차원이 있다는 것을 알고 있다고 생각합니다. '안스타인의 사다리'가 자주 참여의 '수준'을 나타내는 데 언급됩니다. 사다리의 한끝에 커뮤니티가 주도하는 프로젝트가 있고 다른 한쪽 끝에는 커뮤니티가 전혀 참여하지 않는 프로젝트가 있습니다. 그러한 극단 간에, 매우 다양한 형태의 프로젝트가 있고 참여의 수준이 있습니다.

Consultation is usually where the views of the community or views of the stakeholders are gained on some aspect of the project. It doesn't necessarily mean that the people(the stakeholders and the community) have been involved all the way through and this kind of consultation is very common. Sometimes the community or the stakeholders are asked a specific question, only to find that quite often the answer has already been decided upon! There are all sorts of different levels. Participation might also mean involvement in building and managing a project, not instigating it. So there are very different complexities to what it might be. What is important that the appropriate level of participatory work is carried out. There is really no right level you cannot generalise you must look at each individual project and determine the appropriate type of participatory involvement.

컨설테이션은 프로젝트의 일부분에 대한 커뮤니티와 이해 관계자의 견해를 구하는 것입니다. 이것은 사람들이 모든 작업에 참여했다는 것을 의미하지는 않습니다. 이러한 종류의 컨설테이션은 매우 흔합니다. 때때로 커뮤니티의 이해 관계자들은 특별한 질문을 받지만 대답들이 이미 결정되었다는 것을 알게 됩니다. 다양한 수준이 있습니다. 참여는 프로젝트를 구축하고 관리하는 것을 의미하지만 선동하는 것을 의미하지는 않습니다. 그래서 이것은 매우 복잡합니다. 중요한 것은 참여적 프로젝트에 대한 적절한 수준을 정하는 것입니다. 정답은 없습니다. 일반화할 수 없습니다. 개별 프로젝트를 검토해야 하고 참여의 적절한 형태를 결정해야 합니다.

6. Kim: You mean that Participation is more related to empowerment? What can Landscape architecture do for it?
참여는 좀 더 임파워먼트와 관련되어 있다고 보는 것입니까? 조경은 이를 위해서 무엇을 할 수 있습니까?

Maggie Roe: It can be. However, it isn't always the case, and I suppose that empowerment is generally desirable. It is important to determine the project aims at the outset. Is the involvement of the project simply to gain knowledge that will feed into a design or is it in order to empower the people? Poorly run community projects may actually end up doing the opposite that is disillusioning the community, so it's important to understand what the objectives are so that the participatory part of projects can be planned properly. Sometimes it is said that landscape experts want to be the author of their landscape creations and are not interested in community empowerment, but I don't think that's quite true actually. If you were talking about architects that might be true! But I think the training in landscape architecture is very different from architecture at least in the UK – and the consideration of the people; the users of the landscape have always been a core part of that training, so there is always a consideration of the community in landscape design.

그럴 수 있지만 항상 그런 것은 아닙니다. 임파워먼트는 일반적으로 바람직합니다. 프로젝트를 시작할 때 프로젝트의 목적을 결정하는 것이 중요합니다. 참여가 단순히 디자인을 위한 지식을 얻기 위한 것인지 또는 사람들에게 임파워먼트를 주기 위한 것인지? 잘 운영되지 못한 커뮤니티 프로젝트는 반대로 끝날 수도 있습니다. 즉 커뮤니티가 환멸을 가질 수 있습니다. 그래서 프로젝트에서 참여에 대한 것이 적절하게 계획될 수 있도록 목적을 이해하는 것이 중요합니다. 조경가들은 조경 작품의 작가가 되는 것을 원하지만 커뮤니티의 임파워먼트에는 관심이 없다고 말하곤 합니다. 하지만 이것은 사실이 아닙니다. 당신이 건축가와 이야기할 때 이 말은 맞습니다. 하지만 조경가를 훈련시키는 것은 건축과는 다릅니다. 적어도 영국에서는 그렇습니다. 사람에 대한 이해, 경관 이용자에 대한 이해는 훈련의 중심이 되어 왔습니다. 조경 디자인에 있어서 커뮤니티에 대한 고려는 항상 있습니다.

In the past I think that it was thought that you could determine people's behaviour through the designed landscape or the way buildings were placed in the landscape. There was also a feeling that we should be educating people through participatory working and I think there is still a feeling amongst policy – makers and some landscape architects that this is the objective of participatory projects, particularly those with children. I think that if people want to learn then that's fine that can be seen as part of empowerment. If a project is for education that is also fine as long as it is absolutely clear that is what it is for and that it is not disguised as a participatory project when it is really an educational project.

과거 나는 경관 디자인이나 건물이 경관에 놓이는 방식을 통해서 사람들의 행태를 결정할 수 있다고 생각했습니다. 그리고 우리는 참여적 작업을 통해서 사람들을 교육해야 한다고 생각했습니다. 그리고 몇몇 정책가나 조경가들은 여전히 그것이 참여적 프로젝트, 특히 어린이가 참여하는 프로젝트의 목적이라고 생각합니다. 만약 사람들이 배우기를 원한다면 그것은 옳습니다. 즉, 임파워먼트의 부분이라고 볼 수 있습니다. 만약 프로젝트가 교육을 위한 것이라면 옳습니다.

I think the training that landscape architects gain should give them an understanding of such issues. Much landscape work is not just about creating beautiful designs, but it is much more complex than that. Of critical importance is understanding the way people use the landscape and want to use the landscape. Participatory work helps landscape architects to understand the input of people to landscape change and the effects that landscape change can have on people who use the landscape.

조경가들에 대한 교육을 통해 그러한 주제를 이해할 수 있도록 해야 합니다. 많은 조경 작업들이 단순히 아름다운 디자인을 하는 것만은 아닙니다. 그것보다 더 복잡할 수 있습니다. 비판적으로 중요한 것은 사람들이 경관을 이용하는 방식 그리고 이용을 위한 원하는 방식을 이해하는 것입니다. 조경가들은 참여적 작업 속에서 사람들이 경관 변화에 개입하는 것을 이해할 수 있습니다. 그리고 경관 변화가 경관을 이용하는 사람들에게 미칠 영향에 대해서 이해할 수 있습니다.

7. Kim: This is a banal question but important. In participatory landscape planning and design, how landscape architects can encourage lay person to suggest ideas and to design is as important as how landscape architects themselves design. Many landscape architects think that they alone should design, since lay persons lack knowledge and experience. What do you think?

매우 진부하지만 중요한 질문이라고 생각합니다. 참여적 조경 계획이나 설계에서, 조경가가 어떻게 사람들이 아이디어를 제시하고 디자인을 하게 할 것인가는 조경가 자신이 설계하는 만큼 중요합니다. 많은 조경가들은 일반인은 지식과 경험이 부족하므로 그들이 디자인해야 한다고 생각합니다. 이것에 대해서 어떻게 생각합니까?

Maggie Roe: No, I don't think this is true either. I think again that some landscape architects perhaps prefer to do designing. However most would understand that there are so many different influences. While they may end up being the person who actually does the design, the influences into that design are very varied and part of that may be input from a community that has an interest in the design. I think again this question is really about landscape architecture education and it's important to understand who is the beneficiary of the landscape project in the end it's not going to be the designer, it's going to be the community and I would hope − it's going to be the landscape.

이것은 사실이 아닙니다. 다시 말하면, 몇몇 조경가는 디자인하는 것을 좋아합니다. 하지만 대부분은 다른 영향 요인들을 있다는 것을 이해할 것입니다. 그들은 디자이너로 끝나겠지만, 디자인이 주는 영향은 변할 것이며 디자인에 이해관계를 갖는 커뮤니티 또한 그러한 영향의 부분일 것입니다. 이것은 다시 조경가 교육에 대한 질문입니다. 결과적으로 누가 경관 프로젝트에서 이익을 가질 것인지를 생각해야 합니다. 조경가는 아닐 것이며, 커뮤니티와 경관일 것입니다.

So you have to think about these two things; you have to think about the people who are using the landscape and the landscape itself the health of the landscape and its function and again the functioning of the community who will use the landscape. The actual designer may be miles away and have never used the landscape before! So I would hope that in education that this is understood.

그래서 두 가지를 생각해야 합니다. 즉, 경관을 이용할 사람이 누구인지를 생각해야 하고 경관 자체에 대해서 생각해야 합니다. 경관의 건강성과 작용, 경관을 이용할 커뮤니티에 일으킬 작용에 대해서 생각해야 합니다. 디자이너는 수 마일 떨어져 살 수 있으며, 전에는 전혀 이용하지 않은 사람일 수도 있습니다. 그러므로 나는 교육에서 이러한 것이 이해되어야 한다고 생각합니다.

8. Kim: Additionally, some landscape architects think that they know about place and what the community wants without the help of people from the community.
부가적으로, 어떤 조경가들은 커뮤니티의 도움 없이도 장소와 그들이 원하는 것에 대해서 잘 알 수 있다고 생각합니다.

Maggie Roe: I think we have probably generally moved away from that now. But there are still examples of projects which do not work for the community, perhaps where 'big names' are brought into a project, often from abroad and such designers believe they know what is best for the community even though they may have a poor understanding of the community or even of local conditions. I think you would find it less and less in this country because I think there is an understanding that the designer cannot possibly understand everything particularly with regard to community needs and wants.

지금은 많이 바뀌고 있다고 생각합니다. 하지만 여전히 커뮤니티를 위해서 일하지 않는 프로젝트들이 있긴 합니다. 외국에서 데려온 유명한 설계가들이 참여한 프로젝트들이 있습니다. 그러한 디자이너들은 비록 커뮤니티나 지역환경에 대해서 제대로 이해 못하고 있는데도 그들 자신이 커뮤니티에 무엇이 최선인지를 안다고 생각합니다. 이 나라에서는 이러한 일은 많지 않을 것입니다. 커뮤니티의 필요와 요구를 디자이너가 완벽하게 이해할 수 없다는 것에 대한 이해가 있기 때문입니다.

I think, certainly over the years with the students I have taught, they mostly are good communicators and I must say nearly every job that you do in this country, means that you have to be able to communicate verbally with people. you can't just sit in an office and draw!

지난 몇 년간 내가 가르쳤던 학생들을 볼 때, 그들은 대부분 좋은 대화자들이었습니다. 그리고 이 나라의 모든 직업은 사람들과 좋은 대화를 할 수 있어야 합니다. 단지 사무실에 앉아서 그림만을 그릴 수는 없습니다.

9. Kim: Before I interviewed you, I thought community participation was an ideal.
교수님과 인터뷰하기 전에, 저는 주민 참여를 이상적으로 생각했었습니다.

Maggie Roe: Good participatory working is certainly very, very difficult and I think the best thing is to try and understand what is really needed with each different project. It may be that what is needed is a really good view of a local community, or it may be that it is actually impossible to contact a 'community' in relation to a particular project. It's just as important to understand what's really needed the scope of a project – and what you should have at what stage in any consultation/community project.

좋은 주민 참여는 매우 어렵습니다. 그리고 최선의 것은 각각의 다른 프로젝트에서 무엇이 필요한지를 이해하는 것입니다. 필요한 것은 지역 커뮤니티에 대해서 잘 보는 것입니다. 특별한 프로젝트 와의 관계에 있어서 '커뮤니티'와 접촉하는 것은 어렵습니다. 해당 프로젝트의 범위 내에서 무엇이 진정으로 필요한지, 어떤 단계에서 무엇을 해야 하는지를 이해하는 것은 어렵습니다.

So I think people have got much better at identifying those things; what's important at what stage. Participatory work is very difficult and it takes a lot of time and effort. It can delay things enormously; it can make things very difficult to work. It can even completely stop a project, but it can have enormous benefits and not just for the landscape. I think that landscape architects and generally organisations in the country related to landscapes have become more sophisticated in their understanding of community working. Although people still pretend to work with the community because they have said that they are going to, I think generally this kind of pretence is becoming less common.

그래서 나는 사람들이 어떤 단계에서 무엇이 필요한지를 구분하는 것이 좋을 것이라고 생각합니다. 참여적 작업은 매우 어렵습니다. 이것은 많은 시간과 노력이 필요합니다. 지체될 수도 있어서 프로젝트를 매우 어렵게 만들 것입니다. 프로젝트가 중지될 수도 있습니다. 하지만 많은 이득이 있을 것입니다. 이것은 단지 경관을 위한 것만은 아닙니다. 이 나라에서 경관과 관련된 조경가들이나 단체들은 커뮤니티 작업에 대해서 세심하게 이해하고 있습니다. 비록 사람들은 커뮤니티와 일하는 척하기도 하지만, 이런 일은 점차적으로 사라질 겁니다.

❏ 영국 뉴캐슬 킹스턴 파크의 사례[43]

뉴캐슬 공항과 가까운 킹스턴 파크 일대는 70년대까지도 농경지로 버스도 몇 대 안 다녔다. 1990년 뉴캐슬 공항과 도심을 잇는 지하철과 도로가 만들어지고 테스코(Tesco)와 넥스트(NEXT), 부츠(Boots) 등의 대형 소매점들이 들어서면서 현재는 쇼핑센터가 되었다. '킹스턴 파크 지하철역' 이름의 주인공이기도 한 킹스턴 파크는 이전에는 농지였다고 하는데 비록 넓기는 하지만 공원이라고 하기에는 별다른 시설을 갖추고 있지 않다. 벤치, 축구골대 같은 시설들은 낙후되었고 공원 으슥한 곳에서 술이며 마약을 하는 청소년들도 있어 위험하다고 한다. 이런 이유로 2006년 3월부터 킹스턴 파크의 프렌즈그룹과 뉴캐슬 시의회, 조경가 믹(Michael Hall)은 공원 개선에 대한 논의를 시작했고 현재 여름까지 매달 회의를 갖고 있다. 다음은 이들 회의를 관찰한 것이다.

3월 29일: 깃발 꽂기

킹스턴 파크 커뮤니티 센터 7시. 조경가 믹(Michael Hall)은 강당 한쪽에 의자를 원형으로 배치하고 가운데 탁자를 놓았다. 그리고 탁자 위에 준비해 온 현황도와 작은 깃발들의 묶음을 펼쳐 놓았다. 깃발 묶음은 세 가지였는데, 한 묶음은 사람들의 표정이 그려진 깃발—☺ 좋은 곳 ☻ 그대로 두어도 괜찮을 곳 ☹ 문제가 많아 꼭 변경해야 하는 곳—,다른 한 묶음은 변경되어야 하는 시설들이 그려진 깃발, 그리고 나머지 묶음은 새로 첨가되어야 할 시설들이 그려진 깃발이었다.

주민들이 어느 정도 모이자 킹스턴 파크 프렌즈그룹 회장이 회의를 시작했다. 조경가 믹은 낮에 축구하는 어린이들과 나누었던 대화 내용을 시작으로 공원 개선에 대한 주민들의 의견을 물어 나갔다. 믹이 배수가 잘 안 돼 잔디밭이 질퍽거리고 지형이 평탄치 않다는 어린이들의 의견을 전하자 주민들도 이에 동의했고 찡그린 표정(☹)이 그려진 깃발을 도면 위 축구장에 꽂았다. 가장 필요한 시설로 어린이 놀이터와 피크닉 테이블로 참여자들의 의견이 모였고 그들은 적당한 위치를 찾아 깃발을 꽂았다. 차근차근 이야기가 진행되었고 깃발들이 하나 둘씩 도면 위에 꽂혔다. 다소 지루하기도 했던 회의는 9시가 조금 넘어 끝났다.

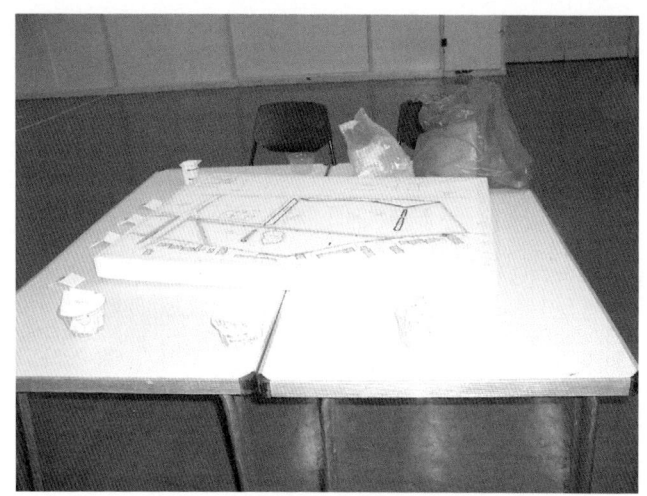

〈사진 2-5〉 회의를 위해 조경가 믹이 준비한 것

〈사진 2-6〉 의견을 교환하면서 깃발을 꽂는 주민들

4월 29일 오전: 주민 축제와 공원 설계

카 부트 세일(Car boot sale) 행사는 삼일 연휴의 첫 번째 날인 토요일 오전 10시부터 시작되었다. 커피를 파시는 자원봉사자 아주머니의 설명에 따르면 부트(boot)는 미국식 영어의 범퍼(bumper)이다. 행사 이름처럼 주민들은 커뮤니티 센터 주차장에서 차 부트에 중고 물건들을 펼쳐 놓고 팔았다. 강당에는 화분이나 더 이상 필요 없는 아이들 장난감을 파는 주민들도 있었다. 11시 30분에는 커뮤니티센터에서 운용하는 무용반 어린이들의 공연이 강당 무대에서 시작되었다. 이날 주차장 입구에서 입장료로 30펜스를 받았는데 커피며 핫도그 등을 판 돈과 함께 커뮤니티 센터와 다양한 프로그램(에어로빅, 아이들을 위한 프로그램 등등) 운영비로 쓰인다고 한다.

주차장과 강당에서 이런저런 행사가 이루어지는 동안, 두 공간 사이의 작은 방에서는 킹스턴 파크 설계와 관련된 작은 이벤트가 진행되었다. 조경가 믹과 프렌즈그룹은 3월 회의를 바탕으로 완성된 설계안과 시설물에 대한 사진을 전시하고 지나는 주민들의 의견을 물었다. 시설물 사진 패널은 아이들을 위한 놀이시설들, 어른들을 위한 운동시설들, 그리고 벤치 같은 휴식시설들 세 가지로 구성되어 있었고 주민들은 원하는 시설물 옆에 V 표시를 있었고 믹과 프렌즈그룹 회원들은 준비된 용지에 주민들의 이메일 주소, 의견과 원하는 시설물을 기얗 있었고지에 주이 지속적으로 바비큐 장을 요설물뭔들은 원관리 문제로 반대했지만 이날 설계에 대한 특별한 이견 원없었다.

〈사진 2-7〉 커뮤니티 무용반 어린이들의 공연

〈사진 2-8〉 주차장에서의 카 부트 세일

〈사진 2-9〉 놀이시설물에 대한 패널

〈사진 2-10〉 한 주민이 다른 주민에게 설계안에 대한 설명을 함

5월 17일: 반대 의견

이날 회의는 설계안 자체보다는 이를 어떻게 실행에 옮길 것인가를 토론하기 위한 자리였다. 그래서 이메일로 미리 공고된 회의 주제도 어디에다 공원 개선에 대한 지원금을 신청할 것인지, 이를 위해 무엇을 준비해야 하는지, 공원에 설치할 놀이시설들의 위험도 며 가격은 어떤지를 검토하는 것이었다. 그러나 공원 바로 옆에 산다는 주민들의 참여로 회의의 주요 쟁점은 놀이터와 산책로의 위치로 옮겨 갔고 공원 개선이 필요한가에 대한 본질적인 문제도 거론되었다. 이들은 3월 회의에 참여하지 않았으나 4월 카 부트 세일(car boot sale) 행사에서 설계안을 봤던 주민들의 이야기를 듣고 참여하게 되었다고 한다.

한 부부는 설계안의 놀이터 위치가 자신의 집 바로 앞이라고 하면서 옮겨 달라고 요구했다. 놀이터가 만들어지면 시끄러울 것은 뻔하고 불량 청소년들이 모여들면 위험하지 않겠냐는 것이다. 이날 참여한 경찰이 다른 공원의 사례를 들어 현재의 위치가 반달리즘을 최소화하는 데 적당한 곳이라고 설득했지만 소용없었다. 그리고 한 주민은 킹스턴 파크의 현재 상태도 나쁘지 않은데 왜 바꾸려고 하는지 모르겠다면서 근본적인 의문을 제기했다. 공원과 가까운 학교의 의견을 전달하기 위해 참석한 교사가 아이들을 위해서 공원 개선은 필요하다고 주장하면서 이 둘 간에 논쟁이 벌어졌다. 하나의 놀이 같았던 이전 두 회의에 비해, 이날 회의 분위기는 험악해서 사진 찍기가 미안할 정도였다. 조경가 믹은 반달리즘이나 놀이터 시설에 대한 다른 공원들의 사정은 어떤지 같이 돌아보는 게 필요할 것 같다고 하면서 6월 8일 최근 개선된 공원들을 함께 답사할 것을 제안했다.

〈사진 2-11〉 격렬한 회의 장면

7월 3일: 설계안을 주민들에게 알리자

이날 회의는 주민들의 휴가 등으로 취소된 6월 회의를 대신한 것이었다. 비공식회의라 일반 주민들은 참여하지 않았고 프렌즈그룹의 회원들, 시의회 직원들, 경찰이 참여했다. 조경가 믹은 주민들이 제기한 문제들을 수용해서 어떻게 두 번째 설계안을 만들 것인지를 설명했다. 그리고 이날 회의에서는 7월 20일에 있을 워드서브-커미티 회의(Ward Sub-Committee meeting) 준비에 대한 것이 주요하게 다루어졌다. 시의회 직원은 7월 20일 많은 주민들이 참석할 수 있도록 사람들이 자주 다니는 길목에 공고문을 붙일 것, 공원 인근 학교에 변경된 설계안을 미리 보낼 것, 경찰도 7월

20일 회의에 참석해서 공원과 반달리즘의 관계에 대한 다른 공원 사례를 주민들에게 설명할 것, 설계안에 대한 리플릿 배포 등을 제안하였다. 프렌즈그룹 회원들은 서로 업무를 분배했다.

〈사진 2-12〉 7월 20일에 있을 회의에 대한 준비

7월 20일: 두 번째 설계안

뉴캐슬은 27개의 워드(ward)로 구성되어 있다. 사정에 따라 변할 수는 있지만 거의 매달 각각의 워드는 주민회의를 한다. 교통, 예산 편성 등 지역의 현안들이 거론되고 참석한 시의회 담당자들이 주민들의 질문에 답을 한다. 이날은 킹스턴 파크가 위치하고 있는 카슬 워드(Castle Ward) 회의가 있는 날이었다. 회의는 7시에 시작했지만 믹과 프렌즈그룹의 회원들은 6시부터 회의가 있을 커뮤니티 센터 강당 한쪽에 기존 설계안과 수정된 설계안을 걸어 두고

주민들을 맞았다. 믹은 2차안에서 주민들의 요구에 따라 놀이터와 휴식공간의 위치를 변경했고 공원과 주거지 사이 식재 공간의 크기를 넓혔다. 5월 놀이터 위치 변경을 요구했던 부부도 참석해서 변경안을 확인했다. 이날은 주민들에게 설계안을 보여 주고 의견을 묻는 것뿐만 아니라 시의회가 설계안에 대한 주민들의 반응을 확인하는 자리이기도 했다.

〈사진 2-13〉 워드 회의에 앞서 변경 전의 설계안과 변경 후의 설계안에 대해 설명하고 있음.

3월부터 7월까지. 5개월 동안 조경가 믹이 그린 도면은 정확하게 세 장이다. 현황도, 대안 1, 대안 2. 도면 또한 소박해서 캐드로 그려진 베이스 맵에 마카로 모든 것이 간단하게 표현되었다. 4월 행사의 공원 시설물 패널 또한 사진을 오려 붙여 만든 것이었다.

그리고 여러 번의 회의를 하면서도 파워포인트를 이용한 발표는 한 번도 없었다. 도면 작성이나 회의 준비를 위해 믹이 야근이나 밤샘을 하지 않았을 것은 당연하다. 대신 그는 주민들과의 회의를 이끌었고 대화에 열심히 참여했다. 앞서 뉴캐슬 대학의 조경과 매기로 교수는 영국에서 주민 참여가 강조됨에 따라 전문가는 대화할 줄 알아야 한다고 했는데 킹스턴 파크 사례에서 부분적이나마 이를 확인할 수 있다.

3. 시민: 함께 참여하는 시민

소통으로 장소만들기를 위해서는 시민의 역할 전환 또한 필요할 것이다. 즉 시민들의 관심과 참여가 필요하다. 그런데 주민들한테 '참여하시오'라고 무조건적으로, 일방적으로 의무를 지어 줄 수는 없을 것이며, 그들이 참여하도록 독려하는 정책적 틀을 비롯한 여건 조성이 필요하다. 그런데 또 다른 측면의 어려움을 제시한다면 누구를 '주민'으로 볼 것인가? 이다. 주민들은 개별적인 존재이고 그 개별적 존재들의 요구는 다양할 수밖에 없기 때문이다. 그러므로 어떤 자치적인 주민조직체가 있어 파트너십을 형성할 수 있다면 해당 프로젝트를 진행하는 것이 보다 쉬울 것이다. 그리고 지속적으로 이어질 가능성도 높아 해당 공간의 관리뿐만 아니라 다른 장소만들기로, 마을만들기로 다양하게 사업이 펼쳐질 수 있다. 이러한 측면에서 다음에 소개할 영국의 프렌즈그룹은 좋은 역할 모델이 될 수 있을 것이다.

❏ 영국의 프렌즈그룹

1) 영국 프렌즈그룹의 배경

영국에서 공원·녹지와 관련된 커뮤니티 그룹은 4,000개 이상이고, 이 중 40% 정도가 프렌즈그룹이다. 대부분 대규모의 오래된 도시공원과 관련된다. Dunnett et al(2002)은 영국의 공원녹지를 조사한 후 '프렌즈그룹(friends group)'을 '이용자 그룹(user group)'과 구분했다. '이용자 그룹'은 특정한 공공공간에 이해관계가 있는 집단을 보통 일컫는다면 프렌즈그룹은 봉사적 성격이 강하다. 또 프렌즈그룹의 구성원은 평균적으로 135명으로 규모가 크고 체계적이고 은행계좌, 회장, 간사, 회계담당자를 갖는 데 반해, 이용자 그룹의 규모는 상대적으로 작다. 프렌즈그룹의 가장 큰 특징은 지방정부에 대해 독립적 관계를 갖는다는 것에 반해, 이용자 그룹은 지방정부에 의해 만들어진 경우가 많다는 것이다.

지방정부는 점차적으로 이용자 그룹조차도 프렌즈그룹으로 부르고 있어 이 둘의 구분 없이 공원·녹지의 운영과 관련된 주민조직을 통칭하는 것으로 보면 될 것이다. 프렌즈그룹은 필연적으로 특정한 대상지를 중심으로 하고, 과거 공원 관리의 위기로 형성되었다. 지방정부가 공원 관리에 보다 충분한 노력을 하도록 압력을 넣기 위한 목적으로 시작된 것이다. 즉 지방정부의 정책과 집행에 반대하는 압력집단의 역할을 했었다(Hare and Neilsen, 2003).

하지만 지금은 행복한 동거를 하고 있다. 지방정부는 점차적으로 프렌즈그룹을 지원하고 더 나아가서는 조직화를 돕기도 한다. 이러한 현상은 1990년에 피크를 이루었고 파트너십에서 논했듯이 베스트 밸류(Best Value) 정책과 주민이 직접 신청하도록 되어 있는 각종 지원금 때문이다. 즉 프렌즈그룹은 비록 자발적 주민들의 조직체이지만 탑-다운 정책을 통해 발전되었다. 이에 프렌즈그룹의 역할과 관련해서 생각해 볼 수 있는 단어가 임파워먼트(empowerment)이다. 임파워먼트는 커뮤니티가 어떻게 자신들의 라이프스타일과 환경에 대한 의사결정권을 가질 것인가에 대한 것이다. 의사결정권을 갖기 위해서는 먼저 의사결정체계와 자신들의 의사결정이 미칠 결과에 대해 깨달아야 하는 것은 당연할 것이며 자신들이 살고 있는 환경에 대한 존중도 필요하다. 보통 임파워먼트는 주민 참여에서 가장 이상적인 것으로 여겨진다.

그런데 프렌즈그룹의 임파워먼트는 커뮤니티의 임파워먼트와 구별되어야 할 것이다. 비록 프렌즈그룹이 공원과 관련해서 의사결정 과정에 대한 자치권을 갖는다고 해도, 지역의 커뮤니티가 임파워먼트를 가졌다고 할 수는 없기 때문이다. 프렌즈그룹은 '공원'이라는 단일한 이슈를 가질 뿐이라 비록 그들이 공원 의사결정에 대한 임파워먼트를 갖는다고 해도, 보다 넓은 차원에서의 커뮤니티의 관심과 관련되지 않을 수 있기 때문이다. 또 어떤 경우, 프렌즈그룹은 자신들의 시간과 돈을 제공하지 않으려 하는 이들을 배제할 수도 있다. 그러므로 임파워먼트를 논하는 데 있어서는 프렌즈그룹과 커뮤니티와의 관계를 고려해야 할 것이다.

두 번째, 공원과 관련된 임파워먼트와 주민에 의한 공원 관리를 혼동해서도 안 될 것이다. 일례로 Dunnett et al(2002)은 자발적 관리 활동은 커뮤니티 참여의 궁극적인 목적이 될 수 있다고 보고 있다. 그들은 완전한 자발적 관리는 활동과 시설에 대한 권한을 갖는 것뿐만 아니라 재정적 관리와 예산까지도 포함하는 것이라고 보았다. 그런데 이것은 몇 가지 질문을 야기한다. 먼저 자발적 관리가 정당한가이다. 사람들은 기본적 서비스에 대해서 세금을 내고 있으며 공원 관리도 기본적 서비스로 볼 수 있다. 이것은 임파워먼트에 대한 부정적 견해와도 관련되는데, 임파워먼트는 정부가 사회적이고 환경적인 문제와 관련된 자신들의 의무를 게을리 하는

것에 대한 변명이 될 수 있다는 것이다(Roe, 2000: 60). 하지만 본
서에서는 임파워먼트에 대해서 긍정적인 태도를 취한다. 임파워먼
트는 도시공간의 지속 가능성을 위해 중요한 역할을 할 것이라는
관점을 견지한다.

2) 프렌즈그룹의 역할(Roles of Friends Groups)

조사에 따르면 프렌즈그룹의 역할은 아래의 그래프와 같이 휴지
줍기에서부터 공원과 관련된 기금 조성까지 그 역할이 다양하다.
네 가지로 구분할 수 있는데 자원의 제공자, 압력집단, 중재자, 커
뮤니티의 임파워먼트를 위한 촉진자이다. 이를 구체적으로 정리해
보도록 하겠다.

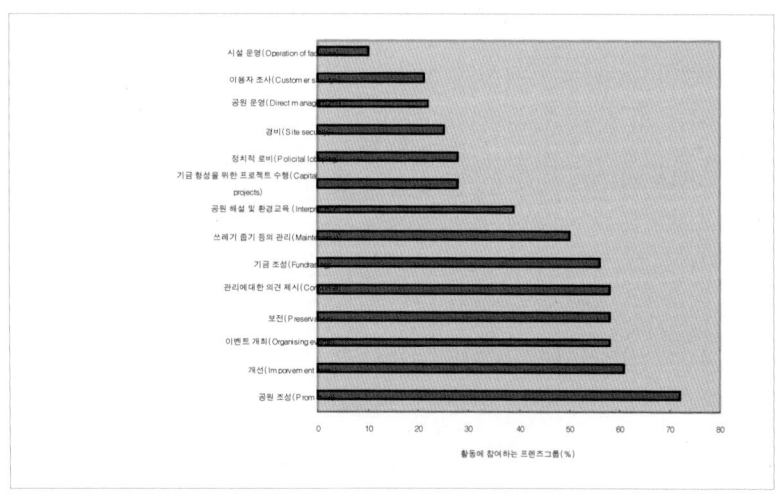

자료: GeenSpace, *Community Networking Project Final Report*, 2003, p.17.

〈그림 2-7〉 영국의 프렌즈그룹이 실제 참여하는 활동

(1) 자원의 제공자(Supporter of Resurces)

자금이나 인원의 부족으로 영국의 도시공원이 쇠퇴했다는 것은 앞의 파트너십과 관련해서 논했었다. 주민들의 봉사는 자원의 부족에 대한 대안이 될 수 있다. 하지만 시민들을 참여시키는 것 또한 많은 자원이 필요하다(Carley, 1995; Wild and Marshall, 1997). 프렌즈그룹은 이에 대한 제공자로도 여겨지고 있다(M. Lai, 2002: 274, R. Hare and J. B. Neilsen, 2003: 148). 기존 문헌 연구에 따르면 주민 참여를 통해 얻을 수 있는 자원은 보통 네 가지로 구분되는데, 돈, 사람, 시간, 기술적 제공이다. 프렌즈그룹은 노동을 제공할 수 있고 경우에 따라서는 기술도 제공할 수 있다. 기술은 단순히 쓰레기를 줍는 것부터 조경 디자인까지 다양하다. 그리고 지방정부는 접근할 수 없는 지원금에도 접근할 수 있다(The Comptroller and Auditor General, 2006). 어떤 경우, 프렌즈그룹의 노동력은 맷치 펀드로 쓰일 수 있는데 헤리지티 로터리 펀드의 신청이 그러한 경우이다. 그린 스페이스(Green Space report, Ockenden and Moore, 2003)에 따르면, 영국의 많은 프렌즈그룹이 이벤트 개최, 대상지 보전, 기금 마련, 관리, 안전, 시설의 관리와 운영에 도움을 주고 있다.

(2) 압력집단으로서의 역할(Acting as a Pressure Group)

일반적으로 비정부단체(NPOs), 비영리단체(NGOs), 자원봉사(voluntary groups) 집단 같은 제3영역의 역할은 두 가지로 나뉜다. 하나는 자원을 제공하는 역할이고 다른 하나는 목소리(voice)를 내는 것이다. 목소리를 내는 역할은 매우 중요한데, 드러나지 않은 문제를 가시화하고 인간의 기본적 권리에 대한 관심을 이끌어 낸다. 그리고 사회적, 정치적, 환경적, 윤리적, 커뮤니티와 관련된 이해관계들을 검토하고 정리해서 이슈화시키기도 한다(Salamon et al, 2003).

제3의 영역으로 분리되는 프렌즈그룹 또한 자신들의 목소리를 지방정부에 효과적으로 전달할 수 있다. 커뮤니티의 요구와 바람을 수용해 계획과 디자인을 발전시키도록 하고 공원 유지관리에 지속적으로 관심을 갖고 문제가 있을 경우 문제제기를 할 수 있는 것이다. 이와 같은 '목소리 내기' 역할은 프렌즈그룹 성립의 주요한 이유가 되었다. 1970년 이래로, 프렌즈그룹은 공원 관리가 제대로 되지 않고 있다는 위기의식을 드러냈다. 즉 압력집단의 역할을 했던 것이다. 역사적 공원의 복원과 관련된 연구에서, 래이(M. Lai, 2002: 271)는 프렌즈그룹은 압력집단으로서 지방정부가 공원을 복원하도록 이니셔티브해 왔다. 프렌즈그룹은 지방정부와 협력했고 커뮤니티와 지방정부 간의 중재자로서의 역할을 하기도 하지만, 압력집단으로 지방정부와 반대에 서기도 하는 것이다.

(3) 중재자로서의 역할(Acting as Intermediary)

Connor(1998)에 따르면, 5%에서 10%까지의 소수 사람들만이 '의견을 달라는' 제안을 받았을 때 긍정적인 방향이건 부정적인 방향이건 반응을 보인다고 기록하고 있다. 그러므로 사람들의 의견을 끌어내기 위해서는 중재자의 역할이 필요하다. 즉 커뮤니티의 다양한 의견을 묻고 효과적으로 모아 전문가나 지방정부한테 보내거나 공원과 관련된 지방정부의 계획과 정책을 커뮤니티에게 알려 주는 가교 역할이 필요한 것이다. 프렌즈그룹은 이 역할을 할 수 있다. 덧붙여 그들은 일반 주민들이 이해할 수 있도록 복잡한 행정 정보를 해석할 수도 있다.

이 역할은 프렌즈그룹의 대표성과도 관련된다. Greenhalgh and Worpole's(1996)의 정의에서 프렌즈그룹은 공원 관리에 대한 결정과 관련된 역할을 하는 집단으로, 단일한 목적 즉, 야생동물 보호, 어린이들의 놀이 같은 것을 목적으로 삼는 집단과는 다르다. 그러므로 커뮤니티를 대표하는 역할은 중요하고 이와 관련해 두 가지 이슈를 이야기할 수 있을 것이다. 하나는 커뮤니티의 여러 의견을 모으려고 노력하는 것이다. 만약 프렌즈그룹이 스테이크홀더의 다양한 의견을 대변한다면, 의사결정자로서의 프렌즈그룹의 정당성은 확보될 수 있을 것이다. 또 다른 주제는 프렌즈그룹에 참여하는 이해관계자 집단의 수이다. 레이(Lai, 2002)의 연구에 따르면, 만약 프렌즈그룹의 구성원이 일정 집단에만 한정되어 있다면, 참여하지 않는 이들은 소외감을 느낄 것이다. 그러므로 프렌즈그룹은 다양한 커뮤니티 집단이 참여하도록 모임을 주선하고, 다양한 이용자들의 반응을 모니터링해야 한다.

(4) 커뮤니티의 임파워먼트에 대한 촉진자로서의 역할
(The Facilitator for Empowering the Community)

이 역할은 위의 세 가지 역할을 모두 포함하되 이 세 가지를 합친 것 이상이다. 비록 프렌즈그룹이 위의 세 가지 역할을 잘 수행한다고 해도 커뮤니티가 임파워먼트를 갖지 못할 수도 있다. 일례로 프렌즈그룹이 자원의 제공자로서의 역할을 할 수 있고, 공원 관리에 대한 자율권을 가질 수도 있을 것이며 더 나아가서는 커뮤니티가 공원 운영과 관리에 대한 자치권을 가질 수 있도록 할 수 있다. 하지만 커뮤니티의 임파워먼트에 대해 고민하지 않는다면 대표성이 의심될 수 있고 이익 집단으로 받아들여질 수도 있다. 중재자로서의 역할과 관련해서, 프렌즈그룹은 단순히 커뮤니티와 지방정부 간의 중립적 중재자로서의 역할 이상을 해야 한다. 공공 영역에서 논의될 수 있는 정보를 만들어 낼 수도 있고 커뮤니티의 역할을 키워 내는 데도 이를 이용할 수 있을 것이다.

안스타인은 권력의 재분배와 관련해서 주민 참여의 수준을 여덟 단계로 구분했고 햄디와 고덜트는 참여의 단계를 다섯 단계로 구분했다. '참여 없음, 간접적, 컨설트, 통제력 공유와 모든 통제력'이다. 임파워먼트는 참여의 단계에서 '최상의 수준'에 해당된다. 물론 이런 위계적 접근에 대해서는 논쟁이 있다. 하지만 여전히 임파워먼트의 정도를 측정하는 유용한 도구로 쓰이고 있는 것도 사실이다. 그래서 프렌즈그룹이 커뮤니티가 임파워먼트를 갖는 데 있어 완벽한 역할을 하지 못했다고 해도 분명 평가는 필요한 것이다.

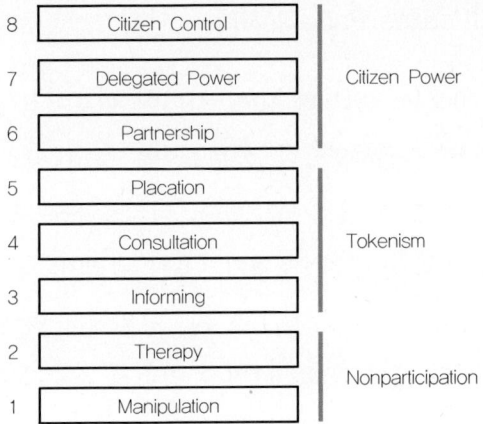

8	Citizen Control	
7	Delegated Power	Citizen Power
6	Partnership	
5	Placation	
4	Consultation	Tokenism
3	Informing	
2	Therapy	
1	Manipulation	Nonparticipation

Sherry R. Arnstein "ladder of citizen participation" *Journal of the American Institute of Planners*, 1969, pp.216 - 224.

〈그림 2-8〉 참여의 사다리

아래의 다이어그램에서는 위에서 설명한, 프렌즈그룹의 역할을 커뮤니티, 지방정부, 비영리단체, 그리고 공원과의 관계 속에서 정리했다.

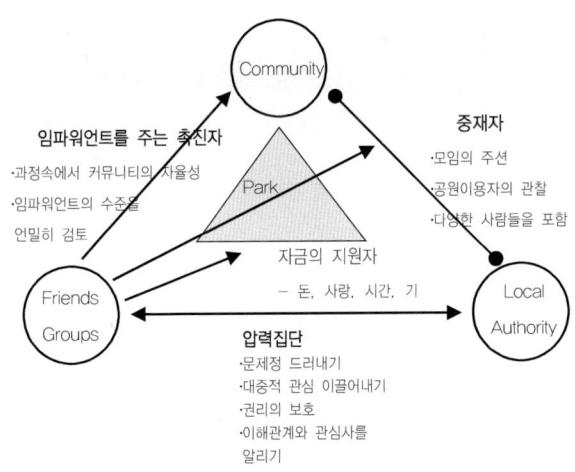

〈그림 2-9〉 프렌즈그룹의 역할

3) 리지스파크(Leazes Park)의 사례

사례 연구는 2006년 3월부터 10월 사이에 이루어졌다. 주로 면담을 연구방법으로 사용하였으나 설문조사를 통해 공원 이용자들의 프렌즈그룹에 대한 인식조사를 했다. 리지스파크 프렌즈그룹의 회원들, 시의회 의원, 공무원, 조경가, 공원 관리자, 일반이용자들을 대상으로 면담조사를 했고 설문조사는 공원에서 만나는 불특정인 40명을 대상으로 했다. 그중 11명은 인종적 소수자로 수단, 중국, 사우디아라비아, 한국, 파키스탄에서 온 유학생이나 이민자들이다. 더불어 시의회에서 발간하는 다양한 보고서와 지역신문들을 참조했다.

(1) 리지스파크 개선과 관리의 과정

뉴캐슬의 리지스파크는 도심에 인접해 있고 1873년에 만들어져 뉴캐슬에서는 가장 오래되었다. 음악을 연주하는 밴드의 무대였다는 역사적 유물인 밴드스탠드(band-stand), 많은 오래된 나무와 보트를 탈 수 있는 연못이 있다. 또 대중이 이용할 수 있는 테니스 코트, 볼링 그린, 길거리 농구대와 놀이터가 있다. 공원의 면적이 2만 평 정도로 넓은 만큼, 주변 환경도 다양하다. 남쪽으로는 축구장이 있고 서쪽과 북쪽으로는 주거지역과 뉴캐슬 대학교 기숙사가, 동쪽으로는 주거지역과 병원이 있다. 따라서 많은 사람들이 공원을 다양한 목적으로 쓰고 있다. 아침에는 조깅을 하고 점심시간에는 주변의 병원과 학교에서 점심을 먹고자 하는 이들이 찾는다. 아침부터 저녁까지 개를 데리고 산책을 하거나 아이들과 함께 시간을 즐기는 이들도 있다.

리지스파크의 좋은시절은 1890년대에서 1940년까지로, 그 이후 1990년대까지 공원의 상태는 지속적으로 나빠졌다. 뉴캐슬 시는 공원 재정비에 대한 현상설계를 내걸기도 했다. 그런데 재정비는 1995년에 중지되었고 뉴캐슬 축구 클럽은 축구장을 공원 안으로 확장하려는 계획을 세웠다. 클럽은 현재의 연못과 어린이 놀이터가 포함된 보존 지역을 이용할 있도록 허가해 줄 것을 요청하는 제안서를 뉴캐슬 시에 제출한 것이다.

리지스파크의 프렌즈그룹(Freinds of Leazes Park, 이하 'FOLP')은 축구장 확장 계획을 막기 위해 '공원을 살리자'라는 캠페인을 펼쳤다. 그들은 공원을 잃는 것은 지역민들에게 다양한 방식으로 영향을 미칠 것이라고 주장했다. 공원을 정규적으로 찾는 학생들, 특히 공원 옆, 기숙사에 사는 학생들에게 영향을 미칠 것이라고 보았다. 다른 자원단체와 주민들도 캠페인에 참여했다. 마침내 축구장 확장계획은 포기되었고 뉴캐슬 시의회는 개선 계획을 다시 시작했다.

〈사진 2-14〉 인접한 축구 경기장과 역사가 가치가 있는 난간

〈사진 2-15〉 공원의 호수

1996년, 헤리티지 로터리 펀드가 시작되자 리지스파크도 이를 신청했다. 이 펀드는 영국의 국가적, 지역적으로 역사적 가치가 있는 것들의 복원과 유지에 제공되는 펀드로 공원도 여기에 포함된다. 신청서는 공원 역사에 대한 조사, 역사적 가치의 복원계획을 포함해야 했다. 이에 리지스파크 역사에 대한 연구가 시작되었다. 또한 로터리 펀드는 맷치 펀드도 요구했다. 프로젝트 비용의 25%는 신청자가 지불해야 하고 최소한 5%는 현금이어야 한다. 그런데 자원봉사자들의 노동도 돈으로 환원되어 계산될 수 있다. 리지스파크의 경우 지방정부는 £1,051,000을 현금으로 냈고, FOLP 구성원들은 £14,000 값어치의 노동력을 제공할 것을 약속했다. 이에 2001년 로터리 펀드는 £3.7million을 공원 개선 사업으로 제공했다. 2001년 지방정부가 고용한 조경가는 복원에 대한 자세한 계획서를 작성했다. 복원 작업은 초기의 사업검토서에서 정리되었다. 디자인의 초기 단계에서는 공원의 역사에 대한 연구가 이루어졌고 여기에 주민들을 참여시켰다.

디자인 과정 동안, FOLP와 시의회, 조경가 간에는 정기적인 미팅이 있었다. 목적은 역사적 요소들을 다시 도입하거나 복원하는 것이었다. 여기에는 연못의 복원, 조성 당시의 디자인에 따라 역사적 요소들을 재배치(replacement)하는 것이 포함된다. 공사는 2002년 8월에 시작되어 2004년 8월에 완성되었고 대대적인 오프닝을 가졌다. 공원 복원 과정 감독을 위한 주민 감독관도 지정되었다. 더불어 주변의 주요 공공시설물과의 시각적, 물리적 연계를 통해 공원이 폭넓게 이용되도록 했다. 공사 후에는 두 명의 공원 관리자가 지정되었다. 리지스파크는 국가적인 기준에 도달한 공원녹지에 주는 그린플래그어워드(Green Flag award)를 2004년에 받았다.

리지스파크에는 FOLP 외에도 여러 주민조직이 있다. 낚시 모임, 잔디볼링 모임, 테니스 모임이다. 2004년에 작성된 'Re-Evaluating Use and Perceptions of Leazes Park'에 따르면 대략 14,804명의 사람들이 2004년 8월의 한 주 동안 공원을 이용했다. 공원이 개장된 2001년 8월에 조사된 것보다 3,500명이 늘어나 30% 증가된 것이다.

〈사진 2-16〉 역사적 가치가 있는 밴드스탠드

1995	• 뉴캐슬 축구클럽의 공원 안으로 새 스타디움을 발전시키려는 제안 • '공원을 살리자'라는 캠페인 운동
1996	• 헤리티지 로터리 펀드 신청서 작성 시작
1996-2001	• 헤리티지 로터리 펀드는 신청을 위해 타당성 조사를 시작
2001	• 해리티지 로터리 펀드의 신청
2001-2002	• 조경건설회사에 의해 디자인 준비
2002-2004	• 공사의 완성
2004-현재	• 관리

〈그림 2-10〉 리지스파크 재생 과정

(2) 프렌즈그룹의 역할 분석

리지스파크의 프렌즈그룹 FOLP는 1989년에 비공식적으로 조직된 모임으로, 회장은 설립 배경을 다음과 같이 말한다.

기본적으로 공원을 이용하던 몇몇의 사람들은 지방정부가 공원
유지 관리에 대한 비용을 절감한 뒤로 공원이 쇠락하는 것에 대해
관심을 갖게 되었다. 이 지역의 많은 공원에서 공통적으로 나타나
는 문제였고, 아마 국가적으로도 문제가 되었을 것이다.

Basically what happened was a group of people who used the park(most
of the people used it to walk their dogs) have become increasingly concerned
that it was becoming very worn down after years during which local
government did not have money to maintain the public park. So, it was
something which was common among most of the parks in the area and
probably nationally as well, to be honest.

1992년 FOLP는 자선단체로 등록되었다. 지금은 회장, 간사, 회
계로 구성된 공식적인 조직체가 되었고 회계장부를 갖고 있다. 회
원은 80명에서 120명 정도가 되나 적극적 활동을 하는 이는 20에
서 30명 정도 된다. 공원 관리자에 따르면 퇴직한 여자, 백인, 중
산층이 많다. 매년 두 번의 정기총회가 열리고 모두 회원한데 개
방된다.

운영위원회 모임은 매달 열리는데 세 달에 한 번씩은 일반 회원
한테도 개방된다. 자원봉사 모임은 매달 세 번째 일요일에 열린다.
함께 휴지를 줍고 녹지를 관리한다. 기금은 회원들의 회비와 매년
공원에서 열리는 축제에서 자신들이 만든 잼을 팔아 번 돈이다.
현재 이 돈은 센서리가든을 조성하는 데 쓰이고 있다.

〈사진 2-17〉 정기총회의 모습

• **자원의 제공자(Supporter of Resources)**

FOLP 회원들은 1989년 이래 다양한 측면에서 자원을 제공하고 있다. 돈, 시간, 노동력, 기술적 제공이 그것이다. 헤리티지 펀드에 제출한 신청서에 따라 매칭을 맞추기 위해서 돈을 냈었고 현재에도 회원들의 회비 이외의 다양한 기금을 찾고 있다.

우리가 공원에서 바라는 것이 몇 가지 있다. '프렌즈 가든'을 원한다. 지금 다양한 곳에 지원금을 신청하고 있다. 그러고 나서 우리는 공원의 또 다른 부분을 가꾸어 나갈 것이다.

Now there are other things{which} we want to do in the park. We want to do a 'Friends Garden' ⋯⋯ We will be applying for funding, to any one of various organisations. Then we'll do a smaller region that will improve another part of the park.

또 FOLP는 시간과 노동력을 제공해 왔다. 공원에 대한 역사 연구를 하는 동안과 디자인 단계에서, 구성원들은 보수 없이 조사 작업에 참여했고 정기적인 모임과 행사에도 참여했다. 현재는 정기적으로 공원 관리에 참여하고 있다. 그런데 디자인 당시 국가적이고 지역적 차원에서 공원이 가치 있다는 것을 보여 주기 위해서는 전문가가 필요했고 구성원들 중 고고학과 도시계획에서 일을 했던 이들이 이를 도왔다. 다음은 회장의 이야기이다.

우리가 처음 시작한 일은 정보를 얻는 것이었다. 정확히 공원은 처음엔 어떤 모습이었는지 찾는 것부터 시작했다. 자료를 얻기 위해서 여러 도서관을 방문했고 사람들이 갖고 있는 사진과 엽서를 모았다. 물론 사람들이 갖고 있는 공원에 대한 기억도 물었다. 공원이 얼마나 가치 있는 곳인가를 보여 주어야 했기 때문이다.

What we did as a group was to sit down and start trawling the archive to try to get information. Exactly what the park did look like was the start. We could get information necessary by going through the Tyne and Wear archive information, the local historic library and central library in Newcastle······ What we did also was we appealed for people to get photographs, postcards, and memorabilia about the park, because{by doing so} they would be supporting how much Newcastle is valuing this work.

하지만 현재 FOLP 구성원들은 특정한 자원이 필요한 특별한 주제를 갖고 있지는 않다. 공원 관리자는, FOLP는 자신의 주요 목적을 성취해 왔고 목적 달성을 게을리 하지 않았다고 말한다. 하지만 현재의 목적은 명확하지 않다고 진단한다. 센서리가든과 자원봉사자들의 공원 유지관리 활동은 진행 중이나 아직까지는 유지관리 활동에 특별한 기술이 필요한 것은 아니기 때문이다. 정원 가꾸기에 대한 교육, 환경 교육 같은 특별한 프로그램이 있기는 하지만 뉴캐슬 시에서 주도하는 것으로 FOLP가 직접적으로 참여하고 있지는 않고 있다.

〈사진 2-18〉 공원 축제 기간 잼을 팔고 홍보를 하는 프렌즈그룹

〈사진 2-19〉 매달 두 번째 주 토요일에는 함께 모여 휴지를 줍는다.

● **압력 집단으로서의 역할(Acting as a Pressure Group)**

FOLP는 압력집단으로서의 역할 또한 수행해 왔다. 회장에 따르면 '공원 살리기' 캠페인을 벌여 축구장이 공원으로 확장되는 것을 반대했고, 이는 FOLP 활동의 전환점이 되었다. 이 사건에 탄력을 받아 활동을 확장시킬 수 있었던 것이다. 캠페인은 구성원들 간의 관계를 강화시켰고 FOLP가 공원 개선 사업에 참여하는 기회가 되었다. FOLP는 홀로 이 캠페인을 시작했지만 공원의 테니스클럽, 잔디볼링클럽을 비롯해 뉴캐슬의 다른 자원봉사 그룹도 참여했다.

비록 FOLP 구성원들은 현재는 덜 적극적이고 영향력도 작고 지방정부와 적대적 관계라기보다는 우호적인 관계적이지만 잠재적으로는 압력집단으로서의 잠재성을 갖고 있다. 한 구성원은 압력집단으로서의 경험은 FOLP 구성원들에게 자부심을 주었다고 한다. 개인들이 집단을 형성할 수 있고 자신들의 의견에 귀 기울이게 있게 만들었다는 것을 뿌듯해한다는 것이다.

- **중재자로서의 역할(Acting as Intermediary)**

FOLP가 인식을 하건 못 하건, 캠페인과 디자인 단계에서 중재자로서의 역할을 했고 그들이 제기한 이슈는 전체 커뮤니티에 적절했다. 커뮤니티의 관심과 지지가 필요했기 때문이다. 지방정부가 축구 스타디움에 대한 계획을 철회한 것은 많은 사람들이 FOLP을 지지했다는 증거가 된다. 디자인 단계에서는 지방정부와 함께 공원 복원과 관련된 이벤트, 회의, 공원 계획안에 대한 전시 등을 추진했다. 이는 커뮤니티의 다양한 구성원들이 자신들의 의견과 아이디어를 말할 수 있는 기회를 주었다. 결과적으로 FOLP 회원 이외의 다양한 커뮤니티 구성원들이 리지스파크와 관련된 의사결정에 관여하게 된 계기가 된 것이다. 조경가는 계획과 설계 과정에 있어서의 프렌즈그룹의 역할을 다음과 같이 말한다.

우리는 프렌즈그룹, 뉴캐슬 시티 카운실의 뉴캐슬 보전 공무원들, 시의원들 그리고 정치인들이 참여하는 모임을 가졌다. 프렌즈그룹은 참여의 핵심이 된다. 그리고 프렌즈그룹과 정기적인 모임을 가졌다. 일례로 그들은 계획 제안에 관심을 가졌었다. 우리가 수목 식재 계획을 가져갔을 때 관심을 보였고 관목은 장소를 위험하게 할 수도 있지 않겠냐는 의견을 주기도 했다.

We had meetings with groups working which involve the Friends Group and Newcastle conservation officer in Newcastle City Council and councillors and local politicians …… The Friends Group have the key to involvement, and there are regular meetings with the Friends Group ……{for example} they were really concerned about the planting proposals and when we came to present what we were planning to plant they had big concerns that there was too much shrubbery, which would make the place unsafe.

하지만, 최근 FOLP의 중재자로서의 역할은 약화되었고 전체 커뮤니티를 대표한다고 말하기도 어렵다. 이와 관련해 두 가지 주요한 이슈를 검토해 볼 수 있겠는데, 먼저 FOLP가 다양한 의견을 모으고 있냐에 대한 것이고, 다른 하나는 얼마나 다양한 커뮤니티의 구성원들이 FOLP에 참여하고 있냐에 대한 것이다. 그런데 설문조사 결과에 따르면 일반 공원 이용자들 대부분은 FOLP에 대해 잘 모르고 있었다. 40명 중 14명은 FOLP에 대해서 알고 있었는데, 매년 운영되고 있는 공원에서의 페스티벌에 대한 공고문과 리플릿을 통해서였다. 이것은 FOLP가 적극적으로 공원 이용자들의 의견을 묻고 있지 않다는 것을 말해 준다. 또 이용자들한테 공원 운영이나 문제에 대해서 이야기하고 싶을 때 어디에다 물어보냐고 물어보았을 때, 누구에게 물어봐야 할지 모르겠다는 답변이 높았다. 공원과 관련된 의견을 피력하고 싶은 이들이 쉽게 접근할 수 있는 통로가 없다는 것이다. 둘째로 FOLP의 구성원들은 중산층, 백인, 여성, 노인에 편중되어 있다. 젊은 사람이 부족하고 인종적 소수자가 없다는 것은 중재자로서의 FOLP의 역할에 있어 한계가 될 수 있다. 회장은 젊은 사람이 부족한 것에 대해서는 인정을 했다.

넓은 의미에서, 프렌즈그룹 구성원 대부분은 젊은 사람들보다는 나이 많은 사람들이다. 이것은 근래 대다수의 커뮤니티와 관련된 일이나 시민활동에서 나타나는 경향이다.

In a wider sense, we are o리지스파크iously concerned that most of the membership of Friends of Leazes Park are the older rather than the younger people and that tends to be true of a lot of community and civic activity in Newcastle these days.

근래 공원 주변으로 인디안, 방글라데시, 파키스탄 사람들의 수가 늘어나고 있다. 이들의 공원 이용도 늘고 있어 전체 공원 이용자의 6%를 차지한다. Green Space라는 조직에서 조사한 바에 따르면, 다른 커뮤니티의 프렌즈그룹도 같은 문제를 갖고 있다고 한다. 1,000개의 커뮤니티 중, 20개만이 인종적 소수자에 대해 관심을 가졌다. 리지스파크에서 이루어진 설문조사에서는 소수 인종 중 FOLP를 아는 이들은 11명이었고, 그중, 3명은 FOLP에 대해 충분한 정보를 갖고 있지는 않았지만 구성원이 되고 싶어 했다. 이들은 수단, 중국, 한국에서 온 이들이었다. CABESpace와 Green Space(2004)의 연구에 따르면 많은 소수자들이 공원 이용자임에도 불구하고 스스로를 드러내지 않는다. 이들이 공원이나 녹지공간에 관심이 없다기보다는 프렌즈그룹에 소속되는 것에 대해 두려움을 갖고 있고, 그 누군가가 적극적으로 권하지 않기 때문이라는 것이다.

리지스파크의 이러한 상황은 이전만큼 큰 이슈가 없어 다양한 사람을 프렌즈그룹으로 끌어들이거나 그들과 의사소통을 나누어야 할 이유가 명백하지 않기 때문이기도 하다. 더불어 프렌즈그룹의 역할에 대한 인식부족도 이유가 된다. 회장은 프렌즈그룹이 '중재자'로서의 역할에 대해 필요성을 느끼지 못하고 있다. 그런데 힐리 (P. Healey, 2006)의 말처럼, 논의 과정에 참여하지 않았다고 해서 '부재'하는 존재는 아니므로, 그들이 리지스파크를 이용하고 있다면 공원에 대해 발언할 권리가 있는 것이다. 그리고 FOLP는 이에 대한 통로가 되어 주어야 하는 것이다.

〈표 2-1〉 FOLP 에 대한 공원 이용자의 정보

질문	대답	응답
FOLP 에 대해 들어 본 적 있나요?	네	14
	아니요	26
만약 당신이 이 멤버로 제안이 된다면, 참여하시겠습니까?	네	11
	아니요	29
당신이 리지스파크의 유지 또는 문제점에 관해 의견이 있을 때 누구에게 말하나요?	공원 관리자	7
	FOLP의 멤버	2
	경찰에 연락	1
	도시 이사회에 연락	22
	잘 모르겠음	8

- **커뮤니티에 임파워먼트에 대한 촉진자로서의 역할**
  (Facilitator for Empowering the Community)

앞에서도 말했듯이 임파워먼트는 의사결정과 관련되므로, 임파워먼트 촉진자로서의 역할을 평가하기 위해서는, 의사결정 과정상에서의 프렌즈그룹의 독립성(self-reliance)의 정도를 측정해야 할 것이다. 캠페인의 단계에서 FOLP와 커뮤니티는 지방정부의 반대에 있었다. 이때는 공원의 의사결정에 대해 강력한 의사결정권을 가졌다고 볼 수 있다. 하지만 펀딩을 구하고 디자인을 하는 단계에서는 지방정부와 의사결정권을 나누어 가졌다. 이것은 임파워먼트의 이상적인 형태는 아니지만, 커뮤니티는 열심히 참여했고 FOLP와 지방정부가 주도하는 회의와 이벤트 참여를 통해서 의사결정권을 나누어 가졌다. 안스타인의 사다리에서 여섯 번째에 해당한다고 할 수 있다. 공원 관리자에 따르면, 현재 유지관리의 단계에서 지방정부는 리지스파크의 관리를 주도하고 있고, FOLP는 이를 지지하고 있다. 물론 지방정부는 FOLP와 함께 의논하면서 의사결정을 진행하나 FOLP의 영향력은 크지 않다. 다음은 지방의회 의원의 이야기이다.

그들은 어떤 계획에 대해서도 상담을 해 주었다. 어떤 변화를 주든지, 새로운 것을 도입하든지, 우리는 프렌즈그룹의 지지를 받아야 한다. 그들을 설득하고 왜 우리가 이것을 원하는지에 대해 이해시키는 것은 우리의 일이다.

They would be consulted for any plans. It depends on a kind of decision that certain change or introducing new features would certainly be something while where we would like to get support by the Friends Groups……. Whether or not it is, it might be going to happen, it would depend on what it was, again, we might have a job to persuade them. We would try to persuade them, get them to appreciate why we needed to do this.

회장도 FOLP의 영향력이 크지 않다는 것에 대해서는 인정을 했다.

리지스파크의 경우, 참여에 있어서 낮은 수준이다. 지방정부와

간접적으로 접촉을 한다. 하지만 리지스파크 프렌즈그룹의 몇몇 회원은 지방정부 시의원이고, 시에서 정치적 힘을 갖고 있어 리지스파크에 대해 어느 정도의 영향력이 있다. 하지만 우리의 공식적 역할은 낮은 수준이다.

In terms of the Friends of Leazes Park, it is very much sort of low level(at the participation level), second contact with the local authority o 리지스파크iously, but of course do not forget that some member of Friends of Leazes Park are actually local authority councillors and that they do in fact actually have political power in the city, in as far as any individual councillors are sent to do that······ It is kind of a spread of community activity involvement which has some impact in terms of functioning of Leazes Park, but means that our formal role is a low-level one.

위의 언급에서 볼 때, FOLP는 완전한 임파워먼트를 획득하지는 못했으나 어느 정도의 영향력은 갖고 있다. 평가하자면 안스타인의 사다리에서 5번째인, 'Placation'에 해당된다. 'Placation'은 시민들은 지속적으로 조언을 줄 수는 있으나 조언의 정당성과 실행 가능성을 평가하는 권리는 권력자들에게 있다는 것이다(S. Arnstein 1969).

Citizen Power	8단계	Citizen Control	'공원살리기' 운동
	7단계	Delegated Power	
	6단계	Partnership	헤리티지 로터리 펀드 신청 준비
Tokenism	5단계	Placation	
	4단계	Consultation	유지 및 관리
	3단계	Informing	
Nonparticipation	2단계	Therapy	
	1단계	Manipulation	

〈그림 2-11〉 리지스파크에서의 임파워먼트 단계

● **사례의 종합**

앞에서 보았듯이, FOLP의 역할과 지방정부와의 관계는 단계에
따라서 달랐다. FOLP가 주도한 축구장 확장 반대 운동은 이 집단
이 체계적으로 조직화되는 계기가 되었고, 결과적으로는 축구장 확
장도 막아 냈다. 이 단계에서 커뮤니티는 FOLP를 통해 임파워먼
트를 가질 수 있었다고 할 수 있다. 의사결정 과정에 완전한 통제
력을 가졌기 때문이다. 그리고 '함께했다'라는 경험은 FOLP에 자
부심을 주어 지방정부에 공원의 리노베이션에 대한 제안을 할 수
있도록 했다.

헤리티지 로터리 펀드를 신청하는 단계와 공원 개선의 계획 및
디자인 단계에서 FOLP는 가장 활발하고 다양한 역할을 했다. 다
양한 종류의 활동을 제공했고 커뮤니티와 지방정부 간의 중재적
역할을 했다. 구성원들은 역사적 가치를 찾는 작업에 참여했고, 매
치 펀딩을 얻는 데 기여했다. 그리고 다양한 회의와 이벤트를 통
해 디자인에 대한 커뮤니티의 여러 의견을 물었다. 커뮤니티의 의
견은 디자인에 반영되었고, 지방정부와 통제력을 공유했다. 햄디와
고딜트(1997)에 따르면, 계획 단계에서의 스테이크 홀더의 관계는

가장 중요한데, 계획단계에서부터 커뮤니티의 이익에 부합하는 의견이 수용되어야 성공적일 수 있다는 것이다. 이러한 점에서 FOLP는 중요한 역할을 했다.

현재 단계에서 FOLP 역할은 자원 제공자에 머물고 있다. 이전 단계에 비해 한정된 것이다. 공원 관리자는 FOLP는 목적이 명확하지 않고 새로운 목적을 설정해야 한다고 말한다. 또 다른 문제점은 FOLP가 자신들의 역할을 중재자로 보지 않는다는 것이다. 마지막으로 커뮤니티의 임파워먼트와 관련하여 이들의 역할을 평가할 때, 지방정부가 전체의 의사결정 과정을 이끌고 있고 FOLP는 조언자의 역할만을 하고 있으며, 센서리가든, 즉 공원의 일부에 대해서만 결정권을 갖는다. 만약 현재 상태가 지속된다고 한다면, FOLP의 역할은 공원의 테니스클럽같이 단일한 목적을 지니는 그룹들과 차별성을 갖지 못할 것이다. 하지만 FOLP는 지방정부와 정기적으로 연락을 취하고 공원 관리자와 함께 공원 관리를 논하고 있어 커뮤니티 참여에 있어서 중심으로 여겨지고 있다. 다음의 표는 프렌즈그룹의 역할 변화를 정리한 것이다.

<표 2-2> FLOP의 역할

구분	복원의 과정	역할			
		압력집단	중재자	자원의 제공자	임파워먼트 촉진자
1995	새로운 스타디움을 공원 안에 짓겠다는 뉴캐슬 축구클럽의 제안				
	'공원살리기' 캠페인운동	축구클럽 제안에 대한 반대	주민들의 FOLP 지지		커뮤니티는 임파워먼트를 가짐
1996 - 2001	• 1996년 헤리티지 로터 리펀드 신청에 대한 작업 시작 • 헤리티지 로터리 펀드는 신청을 위해 타당성 조사 시작		주민들이 의견을 제시할 기회를 만듦	돈, 인력, 시간 그리고 기술적인 제공	안스타인 사다리의 파트너십(partnership) 단계
2001 - 2002	• 헤리티지 로터리 펀드의 기금을 받게 됨 - 조경가의 디자인 제안		주민들이 의견을 제시할 기회를 만듦	인력, 시간 제공	안스타인 다리의 파트너십(partnership) 단계
2002 - 2004	공사의 완성				
2004 - 현재	유지 관리		FOLP와 주민들의 접촉이 없음	인력, 시간 제공	안스타인 컨설테이션(consultation) 단계

III

소통적 장소만들기의 실천

❏ 소통적 장소만들기의 실천 가능성 탐색

우리의 장소만들기를 의사소통행위로 이해하고 실천하자고 했을 때 단지 '말(talk)을 하자'만을 의미하는 것은 아니다. '말' 속에는 '도전, 비판, 선언, 드러내기, 위협, 예언하고, 약속하기, 독려하기, 설명하기, 모욕하기, 용서하기, 나타내기, 설득하고, 경고하기'[44] 같은 중요한 의도들이 포함되어 있기 때문이다. 또 이러한 의도들은 소통자들 간의 기대(포기), 믿음(실망), 희망(좌절), 이해(몰이해) 등을 형성한다. 이렇듯 의사소통은 상호작용을 요구한다. 오스틴이 말하는 말이 갖고 있는 '발화수반적 힘'[45]인 것이다.

그러므로 의사소통적 행위는 미리 정교하게 결정될 수 없다. 자발적이고 상호작용적인 과정 속에서 참여자들이 규정하고 창조한다. 이에 주어진 상황의 영향을 받을 수밖에 없으며 우발성에 노출되어 있다. 김영민(1999, 175)의 비유처럼 텔레비전의 '명사와의 대담'같이 특정하게 통제되거나 조작된 대화 상황이 아니라 삶의 구체적 자리(sitz – im – leben) 속에서 삶의 구체적 행위로 이루어지는 복잡다기한 대화는 우연성을 날실로 현장감 있는 순발력을 씨실로 이루어질 수밖에 없는 것이다. 즉 대화로부터 무엇이 드러나는지는 대화에 들어가기 전에는 아무도 알 수 없고 의미가 재창조된다는 것을 전제로 해야 하는 것이다.

그렇다면 여기서, 장소만들기를 소통적 행위로 실천하는 것에는 어떠한 절차도 없는가? 우발성과 단순히 참여하는 이들의 순발력에만 맡겨 두어야 하는 것인가? 그러했을 때 주어진 과제, 특정한 대상지에 대한 장소만들기를 이룰 수 있는가? 즉, 소통적 장소만들기를 '어떻게 실천할 수 있는가?'라는 질문이 제기될 수 있다. 계획이론가 세이거(Tore Sager, 1994: 204)가 "하버마스의 이론은 윤리적 측면에서 공개적 토론에 대한 모델을 제시하는 어진보이나 방법적 매뉴얼을 제시하지는 않는다."라고 통찰했듯이, 계획이론과 하버마스의 소통행위이론의 행복한 결합을 추구했던 이들은 이미 이와 같은 문제에 봉착했었고 나름대로의 실천적 대안을 내놓았다. 이는 비평의 틀, 실천의 도구 두 가지로 나누어 볼 수 있다. 다음에서는 그들이 제시한 실천적 대안들을 검토함과 동시에 그들의 시도를 '소통적 장소만들기'로 발전시키고자 한다.

1. 비평의 틀로서

계획을 소통행위로 보고자 한 이들 중 몇몇은 정당한 소통이 이루어지는 상황을 분석함으로써 정당성을 얻는 방법을 말해 줄 수 있을 것이라고 보았다. 그래서 이해가능성, 진리성, 정당성, 진실성이라는 하버마스가 제시한 네 가지 타당성 요구가 가능한 이상적 담화 상황의 구비 조건을 연구하고 있다. 화자는 언어행위를 수행하면서 네 가지 타당성을 요구하게 되는데 이것은 결코 자의적인 것이 아니며 언어행위 자체의 발화수반적 행위에서 도출되는 것이다. 그리고 화자는 발화수반적 행위가 지닌 힘에 의존하여 자신의 타당성 요구에 대한 청자의 비판을 견뎌 낼 수 있는 설득력 있는 근거를 제시한다. 그래서 네 가지 유형의 타당성 주장이 청자에게 근거 있는 것으로 수락될 때 이상적 합의에 도달할 수 있다.

네 가지 타당성 요구에 대해서 잠깐 보자면, 첫째는 화자가 발언한 것이 이해 가능한가라는 '이해가능성'(Verständigkeit)의 요구로 나머지 세 가지 타당성 요구의 기본전제이다. 둘째는 그 발언을 구성하는 명제들의 내용이 참인가라는 진술의 '진리성(참됨)'(Wahrheit)의 요구이고, 셋째는 화자의 규범적 발언이 승인된 규범적 맥락 속에서 정당한가라는 언어행위의 '정당성(적합성)'(Richaftigkeit)의 요구이다. 넷째는 화자의 주관적 표현이 진실한가라는 표현의 '진실성'(Wahrhaftigkeit)의 요구이다. 진술의 진리성은 객관적 세계에, 언어행위의 정당성은 사회적 세계에, 표현의 진실성은 주관적 세계에 상응하는 것이다.

발언의 이해가능성	이것이 무엇을 의미하는가?
진술의 진리성	발언을 구성하는 명제들의 내용을 믿을 수 있는가?
언어행위의 정당성	발언은 규범적 맥락 속에서 정당한가?
표현의 진실성	말하는 이의 주관적 표현이 진실한가?

〈그림 3-1〉 네 가지 타당성 요구

예를 들어[46] 어떤 사람이 조경가에게 자신의 정원조성에 돈이 얼마나 드는지를 물었는데, 그 조경가가 "퍼고라 설치와 자연석 쌓기로 500만 원 듭니다."라고 했을 때 고객은 '자연석 쌓기'가 무엇인지에 대한 구체적 설명을 요구할 수 있다. 이때 조경가는 자연석 쌓기에 대해 설명함으로써 자기가 말한 것이 이해 가능하다는 것을 정당화할 수 있다. 또한 조경가의 말은 객관적 세계에 대한 사실적 진술내용이 참이라는 두 번째 타당성 주장을 전제하고 있고, 한편 고객은 그 조경가라는 전문가와 상담하는 것을 상황에 적합한 행위로 여길 것이다. 이를 세 번째 타당성 주장으로 간주할 수 있다. 또 조경가는 자신이 말하는 것을 성실하게 믿고 있다(네 번째 타당성 주장). 위와 같은 네 가지 유형의 타당성 주장이 청자에게 근거 있는 것으로 수락될 때 이성적 합의에 도달했다고 할 수 있다.

여기서 다시 고객의 "자연석 쌓기가 왜 필요한가?"라는 질문을 생각해 볼 수 있다. 조경가는 다양한 방식으로 타당성을 주장할 것이다. 외부에서의 시선 차단이라는 객관적 세계에 상응하는 진리성에 근거한 주장일 수도 있고, 경관 향상이라는 주관적 세계에 상응하는 진실성에 근거한 주장일 수도 있다. 고객은 이러한 주장을 성찰해 볼 것이다. 그런 후 고객이 동의한다면 자연석 쌓기는 그대로 두어도 되겠지만 그렇지 않다면, 즉 조경가의 타당성 주장이 수용되지 않는다면 자연석 쌓기는 없어져야 할 것이다. 의사소통을 통한 상호 이해 후 어떤 행위가 유도되는 것이다. 그런데 상호 이해 없이 계속 자연석 쌓기를 둔다면 이것은 의사소통이 왜곡된 것이라고 볼 수 있다. 그리고 갈등의 소지가 될 수 있다. 이에 네 가지 타당성 요구는 합의가 정당한지, 의사소통에 왜곡은 없었는지를 평가하는 비판적 척도가 될 수 있다.

〈표 3-1〉 네 가지 타당성 요구에 따른 의사소통 왜곡 분석

실천적 수준	이해가능성 (comprehensibility)	진리성 (sincerity)	정당성 (legitimacy)	진실성 (truth)
대면 (face to face)	애매한 혼란 감지 부족 "무엇인가"	사기, 불성실 "내가 그를 믿을 수 있는가"	맥락을 벗어난 의미 "이것이 옳습니까?"	잘못된 정보 "이것이 진실입니까"
조직적 (organizati -onal)	특수용어에 의한 대 중의 배제 "이것이 무엇을 의미 하는가?"	수사학적 확신: 잘 못된 관심의 표현: 동기들을 숨기기 "우리는 믿을 수 있는가?"	반응이 둔함: 합리 화의 확신: 전문가 적 지배 "이것은 정당한가?"	정보의 억제: 애매한 책임성: 잘못 표현된 필요성 "이것은 진실인가?"
정치-경제 적 구조 (political- economic structure)	신비화 복잡성 "당신은 그들이 그것 이 의미하는 바를 이 해한다고 생각합니까"	공공선(public good)에 대한 잘못 된 표현 "그것은 그들의 계 열이다(line)."	책임성의 부족: 활 동적인 참여에 의한 것이 아니라 계열 (line)에 의한 합법화 "그들은 누구에게 말하는 건가"	애매하거나, 억제되거 나 잘못 표현된 정책 가능성들, 대중적 주 인 의식은 항상 부족 하다 같은 이상인 것 "그들이 결코 말하지 않는 것은 무엇인 가……."

자료: John Forester, "Critical Theory and Planning Practice", *Critical Theory and Public Life*, ed. John Forester(Cambridge: The MIT Press, 1988), p.213.

이 네 가지 타당성 요구를 계획 과정을 평가하는 도구로 활용한 연구로 포레스터의 연구를 들 수 있다. 그는 미국의 "대도시계획부 (metropolitan city planning department's office)"를 18개월 동안 정규적으로 관찰하여 계획 과정에서 경험할 수 있는 의사소통의 왜곡을 이상적 담화 상황이 되기 위한 네 가지 타당성 주장들에 기대어 살폈다. 그리고 왜곡들을 막을 수 있는 11개의 전략들을 제시하여 공식화했다. 하지만 다른 맥락의 계획 과정에 그대로 적용하기에는 한계가 있다. 계획이 이루어지는 모든 상황은 역동적이며, 소통은 그러한 상황 속에서 성찰적, 심의적 성격을 갖는 실천이기 때문이다. 하지만 위와 같은 시도는 우리의 구체적 실천을 진단하는 바로미터가 될 것이다.

〈표 3-2〉 포레스트가 제시한 11개의 전략

1. 정보를 제공하고 퍼뜨리기 위해서 문서의 힘에 의존하기보다는 연락과 접촉을 할 수 있는 커뮤니티 네트워크를 개발하라.
2. 정치적 장애, 싸움 그리고 기회들을 예상하기 위해서는 계획 과정에의 모든 참여자들의 관심과 이해에 귀 기울여라.
3. 어떠한 계획 과정에서도 초기에 덜 조직화된 이해들은 그들에게 영향을 줌을 알아라.
4. 시민들과 커뮤니티 조직에게 계획 과정과 '게임의 룰'에 대해서 교육시켜라.
5. 시민들이 정보를 갖고 정치적 참여에 효율적일 수 있도록 기술적이고 정치적인 정보를 제공하라.
6. 커뮤니티와 근린 주·구민, 비전문가 조직들이 공공 계획 정보, 법규, 계획들 그리고 관련된 회의에 대한 통보 그리고 행정가, 전문가들과의 협의에 준비가 되었는지 알아보도록 노력하여라.
7. 제안된 프로젝트와 디자인 안들에 대한 정보를 커뮤니티에 기반을 둔 집단들이 인쇄하도록 독려하여라.
8. 고립된 기술적 작업에서 나온 과정을 기대하기보다는 집단들과 갈등 상황에 대처하는 기술들을 키워라.
9. 프로젝트 검토에 대한 효과적 참여의 중요성을 커뮤니티 이해당사자들에게 강조하라 그리고 전문적으로 섬세하지 못한 집단들에게 적당한 디자인-변경 협상 모임을 만들기 위한 단계들을 취하라.
10. 커뮤니티에 기초한 프로젝트 검토들과 조사들이 독립적일 수 있도록 하라.
11. 디자인 결정을 결정짓는 외부의 정치적-경제적 압력을 예상하라 그리고 그들에게 보상하라. 즉, 외부적 압력을 최소화하기보다는 '우리가 이용할 수 있는 압력을' 구하라.

주: John Forester, 1988, op. cit. p.219.

❏ 사례: 시청 앞 광장 조성과정의 비평47)

포레스트가 미국 "대도시계획부(metropolitan city planning department's office)"를 관찰하여 계획 과정에서 경험할 수 있는 의사소통의 왜곡을 네 가지 타당성 주장에 기대어 분석했듯이, 2002년부터 2004년에 걸쳐 이루어진 시청 앞 조성과 관련된 담화 과정을 분석했다. 비록 몇 년 전의 논의 과정에 대한 분석이지만 '참여정부' 시대는 '참여'를 앞세운 만큼 다양한 영역에서 공론을 중요시했고 다양한 시도와 논의가 있었던 만큼, 현재에도 이러한 분석은 유용할 것이다. 더구나 시청 앞 광장 조성은 문제제기부터 관리까지가 신문 같은 공론장에서 다루어진 유례없는 사례라는 데 그 자체로서 중요성을 갖는다.

2002년 6월 서울시청 앞에서의 월드컵 축구 응원 이후, 시청 앞을 광장으로 조성하자는 의견들이 제시되었다. 그리고 2004년 5월 1일 드디어 '서울광장'이라는 이름으로 개방되었다. 시청 앞을 광장으로 조성하자는 제안은 오래전부터 있었다. 최초의 논의는 1983년에 나온 '서울특별시 주요 간선도로변 도시설계'의 시청 앞 광장조성안이었다. 이 안은 시청 본관을 일제 강점기의 원형만 남기고 북쪽의 회랑식 건물을 없앤 뒤 시청 앞뒤를 광장으로 하는 것이었다. 1994년 서울 상징거리 조성계획에는 네 가지 시청 앞 광장화 방안이 포함되어 있었으나, 모두 부분적·일시적 광장화 방안이었다. 본격적인 광장화 방안은 1995년 '국가중심가로 조성과 신청사 건립 구상'에서 제시됐다. 1996년 시민단체인 도시연대와 도시연구소 등은 '서울시청 앞 보행자 광장조성 캠페인'을 벌이기도 했다. 그러나 교통 혼잡 등의 문제로 대중적 지지를 얻어 내지는 못했다.

그러나 2002년 6월 시청 앞에서의 응원은 '광장'에 대한 공동성찰의 계기가 되어 광장화를 이끌어 내는 데 촉매제 역할을 하였다. 광장이라는 공간이 공론이 이루어지는 곳이라면 광장조성에 대한 제기가 '공론'을 통해 이루어진 '서울광장'은 황기원(2004: 10)의 표현처럼 '좋은 시작'을 가졌던 것이다. 그리고 초기 서울시는 전문가와 시민들이 참여하는 위원회를 구성하고 인터넷상에 토론방을 설치하는 등 민주적 절차에 대한 의지를 보였었다.

1) 공론장에서의 시청 앞 광장 논의 과정 및 내용

2002년 6월 월드컵 응원이 갖고 온 광장화에 대한 필요성 제기부터 시공 후 시민들의 반응과 관리현황까지 전 과정이 신문기사화되었고 홈페이지 토론방에서 다루어졌다. 이와 같은 신문기사와 토론에서의 논의들을 시간적 흐름에 따라 정리하면 아래와 같다.

구분		2002년				2003년				2004년	
		6월	9월	12월		3월	6월	9월	12월	3월	6월
1. 시청 앞 광장화 제기	광장의 필요성 제기										
	서울시의 관련 발표										
	관련 토론회 및 설문조사										
2. 진행 및 영향 예측	추진위 발족 등 본격화										
	광장의 미래상, 진행방향										
	월드볼 이전										
	교통										
	시의회의 예산 집행 관련										
3. 설계경기	서울시 설계공모 알림 당선작										
4. 시공과 개방	일장기와 유사한 잔디광장										
	잔디광장으로 시공										
	시공과 개방에 대한 일정										
	교통 안내 및 현황										
	이름 공모										
	입제한 및 집회제례										
	이용 및 결과에 대한 평가										

다음의 표에서는 위와 관련된 신문별 기사의 수와 의견 게재 수를 정리하였다.

<표 3-4> 공론장별 기사 수 및 의견 게재 수

구분		조선일보	동아일보	중앙일보	한겨레신문	서울시 홈페이지 토론방
1. 시청 앞 광장화에 대한 필요성 제기 및 서울시의 결정	광장의 필요성	0	0	0	1	0
	광장화에 대한 서울시의 발표	1	1	2	2	0
	관련 토론회 및 설문조사	2	1	0	1	0
2. 광장조성 진행 및 광장화로 인한 영향 예측	추진위 발족 등 진행 본격화	1	3	1	2	0
	광장의 미래상과 진행방향	0	0	1	4	3
	월드볼 이전	1	1	3	1	0
	교통	3	3	2	7	10
	시의회의 예산 집행 관련	2	1	2	5	0
3. 설계경기와 당선작	서울시 설계공모	0	0	0	1	3
	당선작	1	2	0	1	86
4. 시공과 개방	잔디 광장의 모양이 일장기와 비슷	0	0	0	1	20
	잔디광장으로 시공	2	6	2	3	100
	시공과 개방에 대한 일정	1	2	2	4	0
	교통 안내 및 현황	5	6	0	4	0
	이름 공모 관련	2	2	2	1	11
	출입제한 및 집회 제한(이용조례 포함)	3	9	6	20	6
	이용 및 결과에 대한 평가, 관리	3	3	2	4	20
5. 기타		0	0	0	0	10
총계		27	40	25	62	269

<표 3-4>에서 보이는 것과 같이 4개의 신문 중 가장 적은 기사를 낸 곳은 중앙일보로 총 25건의 기사를 내었고 주로 정보를 전달하는 입장이었다. 이에 비해 한겨레신문은 62건의 기사를 내었으며 내용도 다양했다. 기사 수뿐 아니라 각 신문들이 중점적으로 다룬 내용과 태도들도 조금씩 다르다.

먼저 신문별로 중요하게 다룬 내용을 살펴보면, 서울시가 광장

화를 발표하자 가장 먼저 대두된 문제가 교통문제였고 이에 대해
서는 한겨레신문이 가장 심도 있게 다루었다. 2002년 7월 2일에는
교통체계가 바뀌어야 할 것이라는 기사를 내었고 2003년 2월 18
일에는 구체적인 대안을 게재하였다. 그리고 같은 해 9월 25일 기
사에서는 전문가들과 시민단체들이 제시하는 대안들을 4개로 정리
하여 제시하였고 같은 날 시청 앞 광장은 보행 네트워크의 중심에
있어야 한다는 교통전문가의 의견을 실었다. 시청 앞 광장화가 유보
되자 교통문제를 다루지 않다가 2004년 광장화가 확정되자 교통체
계 변화에 대한 서울시의 발표를 도면과 함께 상세하게 다루었다.

동아일보는 다른 신문들과 달리 '설계경기 당선작'(이하 당선작)
에 대한 기사를 심도 있게 다루었다. 당선작이 발표되고 난 후 동
아일보는 토론방에서의 다양한 질문들과 의견을 종합하고 이에 대
한 '설계경기 당선자'(이하 당선자)의 답변을 기사로 만들었다. 그
리고 동아일보와 한겨레신문은 당선작이 아닌 잔디광장으로 시공
되는 것을 중요하게 다루었다. 특히 주간동아에서는 이를 특집으로
다루면서 시민단체와 설계경기 당선자, 서울시 담당자의 입장을 전
했고, 신동아 2004년 4월호에서는 당선자와 서울시 담당자의 의견
을 나란히 실었다. 한겨레신문은 일간지 사회면에서 당선자, 시민
위원회, 담당공무원의 인터뷰 내용을 기사화했다. 한겨레21 2004
년 507호에서는 시청 앞 광장 설계안의 변경을 청계천 토목공사,
뉴타운 개발과 함께 시장의 비민주적 리더십과 관련시켜 다루었다.
그리고 당선자의 인터뷰기사를 별도로 실었다.

신문들 간의 시각의 차이도 엿볼 수 있다. 2002년 6월 서울시가
시청 앞 광장화 계획을 발표하자 조선일보는 2002년 7월 1일 "교

통 혼잡 대비책 세워야", 7월 25일 "시청 앞 시민광장, 도심 교통 억제 우선돼야"라는 제목의 헤드라인을 달고 교통문제에 대한 우려를 나타내는 토론방의 글들을 인용하였다. 그리고 시위와 집회에 대한 우려의 의견을 함께 내었다. 이는 앞서 살펴보았듯이, 문제제기보다는 해결방안 제시에 주력했던 한겨레신문과는 다른 태도다. 당선작이 아닌 잔디광장으로 조성한 것에 대해서 동아일보와 한겨레신문은 비판적 글을 실은 반면, 조선일보는 이에 대한 언급을 전혀 하지 않았다. 대신 2004년 5월 3일 '만물상'이라는 코너에 "아스팔트와 시멘트의 사막 서울 한복판에 초록의 광장이 기적처럼 솟아오른 것이다."라는 내용의 글을 실었다.

서울시는 '서울광장의 사용 및 관리에 관한 조례'를 발표하였는데, 이 조례는 광장 사용에 대한 '허가' 관련 규정과 '사용료' 관련 규정을 포함하고 있다. 이에 보수성향이 강하다고 여겨지는 조선일보는 2004년 4월 30일 "서울시청 앞 잔디광장 단체행사 땐 사용료 내야"라는 제목으로 서울시의 발표를 전달하는 입장에서 보도하였다. 반면 한겨레신문은 이용 제한을 문제시하고 항의하는 시민들과 시민단체의 입장을 전달하는 데 주력하였다.

웹페이지 토론방에서의 논의의 전개를 살펴볼 때, 2003년 설계공모 당선작 선정과 2004년 당선작인 아닌 잔디광장으로의 시공이 가장 활발한 논쟁 주제들이었다. 당선작이 신문에 보도된 후 시공 가능성 등과 디자인의 적합성이 토론되었고 토론내용들은 다시 신문기사에 인용되었다. 여기서 두 매체 간의 상호작용이 이루어졌음을 볼 수 있다.

토론방에서는 논쟁이 활발하였으나 전혀 기사로 되지 않는 것들도 있었다. 토론방에서는 변경된 평면이 일장기와 비슷하다는 의견이 2004년 4월 7일부터 제기되었고 이와 관련된 글들이 20건 게재되었다. 그러나 4개 신문들은 이를 전혀 다루지 않았다. 반면 본연구에서 다루지 않은 한국 신문은 2004년 4월 12일 이를 기사화했고, 토론방의 항의 글에는 대응을 않던 서울시는 신문기사에 대해서는 "그건 이렇다—시청광장 보도와 관련하여"라는 반박문을 서울시 홈페이지에 올렸다.

서울시는 토론방 설치 초기에는, 당선안뿐만 아니라 다른 안들도 게재하라는 요구와, 심사위원의 명단을 공개하라는 요구들을 따랐다. 그러나 후반으로 갈수록 전혀 대응이 없었다. 그리고 서울시가 올린 글은 토론방 운영에 관련된 두 건이었다. 서울시는 토론방 개설에 그칠 것이 아니라 상호작용적 토론을 위해 촉진자의 역할을 했어야 했다.

2) 논의 과정의 분석

위와 같은 논의 내용들을 하버마스가 제시한 네 가지 타당성 주장과 대응이라는 측면에서 평가할 수 있을 것이다.

〈표 3-5〉 타당성 요구에 따른 성찰과 심의의 계기와 대응들

구분	발언의 이해가능성	진술의 진리성	언어행위의 정당성	표현의 진실성
	이것이 무엇을 의미하는가?	발언을 구성하는 명제들의 내용을 믿을 수 있는가?	발언은 규범적 맥락 속에서 정당한가?	말하는 이의 주관적 표현이 진실한가?
1. 시청 앞 광장화에 대한 필요성 제기 및 서울시의 결정			• (시민단체의 성명서 발표 등 일부 시민의 요구) 시청 앞을 광장화하는 것이 필요하지 않는가?⇒ 서울시장: 긍정적으로 검토하겠다.	
2. 진행 및 광장화로 인한 영향 예측		• (일부시민) 교통 정체가 일지 않겠는가? ⇒(서울시) 교통문제를 최소화할 수 있는 방안을 검토하고 있다.	⇒(서울시, 시민단체) 궁극적으로 보행자 중심의 도시가 되어야 한다.	• (시민단체) 광장화를 찬성하는가?⇒(시민들에 대한 여론조사 결과) 시민 79%가 찬성한다.
3. 설계경기와 당선작		• (일부시민) LCD 설치가 기술적으로 가능한가?⇒(당선자) 가능하다 • (일부시민) LCD 설치로 바닥이 미끄럽지 않겠는가?⇒(당선자, 잔디광장으로 조성 후) 일부에만 LCD를 설치하려고 하였다. • (일부시민) 강도, 습도, 온도의 문제로 유지 관리가 가능한가?⇒(당선자, 잔디광장으로 조성 후) 가능하다. ⇒(서울시, 잔디광장으로 조성된 후) 유지관리의 어려움으로 잔디광장으로 조성했다.	• (서울시, 잔디광장으로 조성된 후) 시공비와 관리비가 많이 들지 않겠는가?⇒ (당선자, 잔디광장으로 조성된 후) 민자 유치, 모니터 임대, 광고 유치로 해결하고자 하였다.⇒(서울시, 잔디광장으로 조성된 후) 시민의 땅을 상업적으로 이용할 수 없다.	• (일부 시민) LCD를 설치하는 광장 디자인이 역사성을 갖는가?⇒(당선자) 도식적 사고를 벗어나자. 에펠탑과 루브르 박물관의 사례를 보자.
		• (일부시민) 낮에는 모니터가 안 보이지 않겠는가?		
		⇒(당선자, 잔디광장으로 조성 후) 그렇다. 낮에는 보이지 않는다.		⇒(당선자, 잔디광장으로 조성 후) 낮보다 밤이 아름다운 광장이 될 수 있었다.

구분	발언의 이해가능성	진술의 진리성	언어행위의 정당성	표현의 진실성
	이것이 무엇을 의미하는가?	발언을 구성하는 명제들의 내용을 믿을 수 있는가?	발언은 규범적 맥락 속에서 정당한가?	말하는 이의 주관적 표현이 진실한가?
4. 시공과 개방		• (서울시정개발연구원) 광장화는 교통 혼잡과 이에 따른 대기오염을 갖고 올 것으로 연구되었다.⇒(서울시) 교통체계 개편과 보행자 중심 도로로 가꾸면 교통량이 크게 줄 것이다.	• (일부시민, 시민단체) 왜 당선안으로 시공을 하지 않는가?⇒일단 잔디광장으로 조성한 후 추후 당선안으로 시공하겠다.	
			⇒(일부시민, 시민단체) 예산낭비이다. 전시행정이다.	⇒(일부시민, 시민단체) 그 발언을 믿을 수 있는가?
			• (시민) 조성위원회의 협의 없이 설계안을 변경한 것은 정당치 못하다?⇒(서울시) 조성위원회에 결정권이 없다.	• (일부 시민들) 일장기 모양이 아닌가?⇒(서울시) 그렇지 않다. 대청마루에 걸린 보름달을 형상화한 것이다.
			• (일부시민, 시민단체) 출입과 집회 제한이 정당한가?⇒(서울시) 광장조성의 목적은 건전한 여가선용과 문화 활동이다.	

먼저, 2002년 월드컵 경기로 시청 앞 광장조성에 대한 정당성의 문제가 제기되었고, 서울시는 긍정적으로 검토하겠다는 답을 주었다. '2. 진행 및 광장화로 인한 영향 예측'에서 가장 빈번하게 다루어진 것이 교통문제였으며 이것은 진실성과 타당성 두 가지에 대한 질문이라 할 수 있다. 진실성 요구에 대한 대응으로서 서울시는 교통체증을 최소화할 수 있는 방안을 다각도에서 제시하였다. 그리고 일부에서는 궁극적으로 차량을 줄여 보행자 중심의 도시가 되어야 한다는 우회적인 주장들이 제기되었다. 교통문제는 피할 수 없는 것이기 때문에, 즉 진리성에 대한 타당성을 주장하기 어려우므로, '보행자 중심 도시'에 대한 정당성 측면에서 합의를 이끌어내기 위한 시도라 할 수 있다.

신문에서 교통문제는 전문가 의견을 인용하는 등 전문적으로 다루었으나 '3. 현상안과 당선작'은 소개에 그쳤다. 반면 웹페이지 토론방에서는 건축가, 조명 전문가 등 다양한 직업의 시민들이 의견을 개진하면서 토론이 이루어졌다. '환경조명디자이너'라는 아이디를 가진 한 시민은 "당선안은 야간활동만 의식하고 있는데 주간활동이 주가 되어야 한다."는 글을 남겼다. '금수강산'이라는 아이디를 가진 시민은 "오랜 세월이 지나도 사랑받기 위해서는 한국적이어야 하므로 2등 작품이 우수하다."고 주장했다. '건축가'라는 아이디를 가진 시민은 좋은 아이디어라면서 당선안을 옹호했다.

토론 내용을 살펴보았을 때, 당선안과 관련해서는 이해가능성을 제외한 세 가지 모두에서 타당성 요구가 이루어졌다. 당선자는 동아일보와의 인터뷰에서 일부 타당성 요구에 응대했다. 그는 기술적 문제에 대해서는 안전상 문제가 없으며 유지관리도 가능하다고 주장하였다. 그런데 서울시 담당자는 2004년 잔디광장으로 조성한 이유로 시공과 유지관리의 어려움을 들었다. 이는 당선자의 주장이 타당성을 인정받지 못한 것으로 볼 수 있고 잔디광장으로의 조성에 일정 정도 빌미를 제공한 것이라고 할 수 있다. 그리고 역사경관과의 조화에 대해서는 루브르 박물관의 유리 피라미드와 에펠탑을 예로 들어 자신의 표현에 대한 진실성을 주장하였다. 그러나 당선자는 토론방에서 지속적으로 제시된 LCD 설치로 인한 미끄럼, 낮에 보이지 않는 모니터, LCD 관리에 있어 강도, 습도, 온도의 문제 등 진리성에 대한 요구에 대해서는 당선 직후 대응하지 않았다. 답을 한 것은, 잔디광장으로 조성된 후 당선안 시공의 정당성을 주장하면서이다.

'4. 시공과 개방'과 관련하여 주요하게 다루어진 내용은 당선안이 아닌 잔디광장으로 조성된 것이다. 신문들은 '당선자'와 '서울시'를 갈등의 주요 당사자로 다루었다. 동아일보 자매지인 신동아 2004년 4월호에서는 당선자와 담당 공무원의 인터뷰기사를 함께 다루면서, 이 둘의 견해차를 보여 주었다. 담당공무원은 당선작대로 시공할 수 없는 이유로 예산을 초과하는 비용, 기술적 문제, 유지관리비를 들었다. 그리고 조성위원회와 의논 없이 설계안을 변경한 이유로 조성위원회의 역할은 광장조성의 가부결정과 공모작 선정까지라고 주장하였다. 그리고 예산이 확보되면 당선안으로 시공하겠다고 하였다. 그러나 토론방에서는 이를 믿을 수 없고 예산낭비라는 주장들이 나타났다. 한겨레신문과 동아일보는 이들의 주장들을 인용하여 기사를 내었다. 이것은 서울시 공무원의 발언에서 진실성이 의심되고 있는 것이다. 더불어 조성위원회 형성 초기 충분한 토론을 통해 역할에 대한 상호 이해가 필요했음을 볼 수 있다.

신동아의 2004년 4월호의 기사를 통해 당선자는 2003년 공사와 유지관리의 비용을 민자 유치, 모니터 임대와 광고 유치로 해결할 것을 서울시에 제안했다는 것을 알 수 있다. 그런데 서울시 공무원은 광장의 상업화에 대한 우려로 제안을 수용하지 않았다고 밝히고 있다. 이것은 공간의 공공성에 대한 견해의 차이라고 할 수 있다. 그러나 이와 같은 내용은 신문에서 전혀 다루어지지 않았다. 일반인에게 정보가 제공되지 않았기 때문에 토론방에서의 토론도 물론 없었다. 대한 우려적법한 절차에 따라 선정되었으게 정당선작을 유지하되 상업화를 감수해반인할 것인지, 당선작을 포기하여 상업화를 막을 것인지, 즉 광장의 공공성에 대한 시민들 스스로의 성찰과 논의가 필요하였다. 그러나 서울시가 일방적으로 결정했기 때문에 정당성과 진실성에 대한 공격을 받고 있는 것이라 할 수 있다.

이용·집회 제한에 대해 토론방과 신문기사에서 문제제기가 있었다. 서울시는 조례의 규정을 들어 이를 반대하였는데, 조례에서는 광장조성의 목적을 '건전한 여가선용과 문화 활동'으로 정하고 있고 광장 시설에 '심각한' 손상을 주거나, 시끄러운 소음을 일으키는 행사를 금지할 수 있다고 정하고 있다. 그런데 조례부터 사회적 합의가 이루어지지 않았기 때문에 조례에 따른 서울시의 관리 행위는 정당성을 얻지 못하고 있다. 더불어 서울시는 시민들의 문제제기에 대응을 하기보다는 다양한 이벤트 개최와 홍보로 시민들의 관심을 다른 곳으로 돌리고 있다. 그럴듯한 전시효과를 통해 대중의 지지를 얻어 내려 한다는 측면에서 전시 공개성(demonstrative publicity)의 성격을 갖는다고 할 수 있다. 이에 따라 나타나는 것이 서울시와 시민단체들의 갈등이다. 시민단체와 새 건축협회 같은 전문가 집단은 이에 항의하는 성명서를 발표했다. 그리고 서울시는 2004년 5월 20일 노숙자 관련 단체들이 시청광장에서 "문화행사를 가장한 시위를 했다."며 이들을 경찰에 고발했고, 이에 시민단체들은 집시법 불복종운동을 일으켰다.

황기원(2004, 위의 글)의 비유를 들자면 시청 앞 광장은 좋은 시작을 가졌지만 좋은 과정과 좋은 결과로 이어지지 못하고 '거친 과정'을 거쳐 '나쁜 결과'로 이어진 것이다. 이처럼 시청 앞 광장 조성과 관리를 둘러싸고 발생한 의사소통은 많은 한계들을 내포하고 있고 이상적 합의를 이루지 못했지만, 의사소통의 중요성을 확인할 수 있었던 기회였다. 더불어 서울시의 토론방 설치에서 의의를 찾을 수 있는데, 시민들 스스로가 자신들의 견해를 드러낼 수 있었다는 것과 신문매체와 상호관계를 가지면서 대다수 시민들의 관심을 이끌어 내 공론화 확장에 기여했다는 것이다.

2. 실천의 도구로서

앞에서는 소통적 장소만들기를 비평의 도구로 삼아 실제 상황을 분석하고 귀납적으로 실천적 지침들을 제시했다. 그러나 마이클 조단의 동작 분석이 마이클 조단처럼 움직일 수 있는 방법을 알려주지는 않으며, 앞서 지적했듯이 이러한 시도들은 오래지 않아 정치적 맥락과 계획형식들의 광범위한 다양성으로 난관에 봉착하게 된다. 이에 포레스터(John Forester, 2001: 207)의 또 다른 시도를 눈여겨볼 수 있다. 그는 하버마스 이론을 분석적 도구로만 한정하지 않았고 의사소통행위이론이 갖는 프래그머티즘적 성격은 의사소통행위이론의 실천성을 높일 수 있다고 보았다. 포레스터(John forester)는 '비판적 프래그머티즘(critical pragmatism)'이라는 단어를 조어하였다. 윤리(ethics)와 정당성(justification)이 관련되기 때문에 '비판적(critical)'이며 실천적 행위, 역사 그리고 변화와 관련되기 때문에 '프래그머티즘'이라는 것이다.[48]

그런데 이 두 가지는 다른 철학적 전통을 갖는다. 프래그머티즘은 영국의 경험론과 공리주의적인 전통을 계승·발전시킨 한편 하버마스의 접근은 헤겔리안의 이상주의와 마르크시스트적 비판적 접근으로 거슬러 올라간다. 그러나 앞서 검토하였듯이 하버마스는 이미 여러 방향에서 프래그머티즘의 영향을 받았다. 주어진 맥락과 상호작용을 중시한다는 것, 성찰적이고 심의적 실천자로서의 계획가를 설정한다는 것에 있어서 이 두 이론은 접점을 갖는 것이다. 불변성이나 영원성을 추구하는 전통의 형이상학을 비판하고 생성과 변화뿐만 아니라 우연성을 중시하는 프래그머티즘의 태도는 계획 과정의 두서없는 진행과 맥락 대응적 성격에 대한 정당성을 제공하며, 소통 과정을 통한 사회적 교육의 효과, 지식과 정보에 대한 입장,[49] 기술적 리더가 아닌 중개인·촉진자로서의 전문가의 새로운 역할에 대해 타당한 설명을 함으로써 이론과 실천의 괴리를 극복하도록 도와준다.

특히 프래그머티즘의 경험과 성찰성에 대한 태도는 유익하다. 이들에 따르면 우리는 문제를 해결할 때 먼저 경험에 의존한다. 인간은 문제해결이 필요한 상황을 끊임없이 직면하게 되고 그러한 상황을 다루는 우리의 경험들은 퇴적되어 버릇, 상투적 행동, 틀에 박힌 인식이 된다. 그리고 미래의 문제를 해결하는 데 있어서 중요하게 작용한다. 그런데 프래그머티즘은 경험과 함께 경험을 능동적으로 구성하는 '적극적 정신(active mind)' 또한 문제해결에 있어 긍정적인 것으로 가정한다. 미드가 주장하듯이 정신은 개념적이고 상징적인 구조를 통해서 작동하는데 이 구조는 과거의 경험과 상상된 미래를 중재한다. 이러한 인간정신의 독특한 특성이 성찰성이다.[50]

그런데 문제해결에 있어 경험과 성찰성의 균형은 변한다. 경험은 다루기 힘들거나 변칙적인 문제들에 당면하기 전까지만 유용하다. 과거의 경험이 주어진 상황에서 적절한 대책을 제시해 주지 못하게 될 때 우리는 어떠한 행위를 할 것인가라는 선택 상황에서의 갈등을 경험하게 된다. 그리고 문제 상황을 과거의 경험 속에서 평가하고 미래를 상상으로 시연(imaginative rehearsal)해 보는 성찰적 과정을 통해 성찰적 행위를 한다.

이것이 개인적 차원에서 나타나는 모델이라면 프래그머티즘은 또한 지식의 공동체적 모델도 상정한다. 경험(experience)은 개념적이고 상징적 조직(conceptual and symbolic organization)으로, 성찰성은 공동체 차원으로 변형될 수 있다는 것이다. 지리적 공동체, 직업 공동체 등 사회의 다양한 조직 공동체는 비슷하거나 공유된 경험을 갖고 있다. 그리고 정신의 개념적이고 상징적인 구조는 책과 파일, 소프트웨어 프로그램, 메모 등의 축척된 사회적 '지식(knowledge)'에 해당된다. 그리고 사회적 차원에서 성찰은 공유된 지식에 대한 대화와 토론(dialogue), 심의(deliberation)와 관련된다.

이와 관련하여 숀(Donald A. Schön, 1983: 37 – 69)의 연구를 주목해 볼 수 있다. 공동체와 관련된 연구에서, 숀은 전문가적 지식의 '성찰적' 속성에 대한 분석을 발전시켰다. 숀은 다양한 분야의 전문가들을 관찰하면서 전문가들의 행위는 성찰적 실천의 성격을 갖는다는 것을 발견했다. 그는 전문가들은 자신들이 구축한 규칙에 따라 실천하는 도구적 실천에 길들여져 왔으나 이는 불확실하고, 다양한 가치들이 경쟁하는 상황에 대처하는 데는 부적절하다고 보았다. 이에 '행위 속에서의 성찰(reflection – in – action)'의 중요성과 전문가들은 성찰적 실천에 대한 연습이 필요함을 강조하였다. '행위 속에서의 성찰(reflection – in – action)'의 과정은 실천자가 주어진 상황과 지속적으로 대화하면서 자신들의 행동에 내재된 지식과 행동에 대해서 성찰·비판하고 재구축하여 미래의 행위를 구체화시켜 나가는 과정이다. 그리고 이 과정 속에서 전문가들은 재교육의 과정을 갖게 된다.

장소만들기와 관련해 숀의 연구 중 눈여겨볼 수 있는 것은 건축가의 설계 작업에 대한 언급이다. 그는 1970년대 후반 MIT 대학 건축학과의 학과장 포터(William Porter)와 하버드 디자인 대학원의 학과장 킬브리지(Maurice Kilbridge)가 이끄는 건축설계 교육 과정을 몇 달간 관찰하였다. 그리고 설계가들은 자신들이 만들어 내는 변화 속에서 새롭고 예측하지 못한 의미들을 찾아내고 여기에 맞추어 자신들의 행동을 재조정하는 것을 발견하였다. 그리고 이를 근거로 건축설계 과정 또한 상황과 대화하면서 진행되는 성찰적 실천의 하나임을 주장하였다.

　필러(Seamus W. Filor, 1994: 121 - 129)는 숀의 연구 결과를 빌려 와 설계 과정 또한 '적당한 정보와 클라이언트의 요구들을 끊임없이 물어야 하는' 행위 속에서의 성찰(reflection - in - Action)임을 주장하였다. 그리고 호우(Hough)와 젤리코(Jellicoe), 헬프린(Halprin) 세 명 조경가의 디자인 과정을 분석하여 자신의 주장을 논증하였다. 그에 따르면 설계는 보통 '조사, 분석, 개념, 디자인'이라는 단계를 거치면서 연속적으로 이루어진다고 여겨지나, 개인적이고 사회적인 차원에서 나타나는 역동적인 변화의 힘들로 사실상은 상호 관계적 과정(interactive process)이며 순환적으로 이루어질 수밖에 없다. 즉, 목적이 설정되고 난 후 목적을 이루기 위한 가장 적당한 수단들이 결정되는 것이 아니라 목적과 수단들이 상호 관계적으로 설정된다는 것이다. 그러므로 설계가는 예상치 못한 변화들을 고려하고 적극적으로 대응하려는 자세가 필요하다는 것이다.

　그런데 소통적 계획을 제시하는 포레스터(2002)는 '성찰적 실천자'를 변주하여 '심의적 실천자(deliberative practitioner)'를 제시했다. 심의적 실천이란 숀이 제시한 전문가 개인 작업(individual work)에서의 행위 속에서의 성찰(reflection - in - action)을 보다 사회적이고 정치적인 작업으로 확대시킨 개념이다. 성찰적 실천자가 상황과의 소통 속에서 배운다면, 심의적 실천자는 다른 사람에게서 배우고 협동하여 실천을 위한 전략들을 정교하게 다듬는 실천자이다.

그러므로 의사소통적 행위로서 장소만들기를 이해하고 실천한다는 것은 '전문 분야 내에서 구축된 엄격한 규칙에 따라서만 실천하는 것이 아니라 상황과 대화하면서 그리고 관련자들과 끊임없이 대화하면서 행동에 내재된 지식과 의미들에 대해서 성찰(reflection)하고 심의(deliberation)하여 과정을 구성해 나간다는 것이다. 그리고 이를 기반으로 미래의 행위를 정향시킴으로써 변화와 우연적 상황을 적극적으로 수용하고 이해하여 대응한다는 것'이라 할 수 있다. 그리고 성찰과 심의는 앞에서 살펴본 네 가지 타당성 주장에 대해 이루어지고 이 과정을 거치면서 주어진 과제는 해결될 수 있다.

이처럼 소통적 합리성을 통한 문제해결의 가능성은 자신의 판단을 타인들과 공유하고 동의에 도달하기 위해, 공동체적 견지에서 반성해 보고 필요하다면 자신의 판단을 기꺼이 변경시키려고 하는 자기 반성적이며 개방적인 주체를 전제로 한다. 이러한 전제는 개인에게만 문제해결을 맡겨 두어 다소 무책임하게 보일 수도 있다. 그런데 뤽 페리(Luc Ferry)의 주장에서 이에 대한 변명을 찾을 수 있다. 그는 더 이상 초월론적 실재나 인간의 형이상학적 소질 등에 의존할 수 없는 현대인들에게 문제해결의 근거는 이제 외적 영역에서가 아니라 주체 그 자신의 내재성 속성에 기초 지어지는 초

월성에서 찾아야 하며, 이는 주체의 자기 제한 또는 자기 규율로 사고되어야 한다고 보았다.[51]

3. 연성적 기반으로서, 소통적 장소만들기의 방법

1) 소통적 장소만들기 과정의 특징

위와 같은 이유로 여기서 제시하고자 하는 접근방법은 절대적 처방책은 될 수 없다. 다만 시행착오를 최소화하면서 각각의 상황에 맞는 과정을 설계할 수 있도록 도와주는 연성적 기반(soft infrastructure)이다. 실천의 과정은 '첫째, 의사소통 환경 조성, 둘째, 의사소통, 셋째, 합의도출'의 세 단계로 설정할 수 있다. 즉, 먼저 관련자들은 어떤 주제로, 어떠한 순서로 이야기를 나눌 것인가를 정하고 합의를 지향하면서 본격적 대화를 시작한다. 그러나 일반적 대화가 그러한 것처럼 먼저 의사소통이 이루어지고 있는 상황에서 이후의 의사소통이 원활히 이루어질 수 있도록 의사소통 환경을 조정할 수도 있을 것이다. 소통적 장소만들기에서는 실행 후 평가 또한 추후 실천을 위해서 중요할 것이다.

다음의 세 가지는 전체 과정을 이끄는 주요한 나침반이 된다.

■ 소통자들 간의 균형적 파트너십
참여자들의 구성 및 역할과 의사소통 왜곡을 가져올 수 있는 주민 내부 권력 관계에 대한 것이다.

■ (참여자들의) 능동적 성찰성과 심의성

앞서 살펴보았듯이 의사소통자들은 네 가지 타당성에 대하여 의구심을 품게 되고 상대방에게 타당성을 요구하게 된다. 그리고 요구를 받은 상대방은 자신의 타당성을 주장한다. 이렇듯 타당성 요구는 소통자들 간의 심의의 기회를 만들고 타당성을 주장하는 이에게는 성찰하는 기회가 된다. 그리고 네 가지 타당성 주장이 모두 근거 있는 것으로 수락될 때 이상적 합의에 도달했다고 할 수 있다. 따라서 타당성 요구들이 제기되고 주장되는 과정이 정당성을 얻어야 하고, 합의는 이상적으로 이루어져야 한다는 것이다.

■ (참여자들 간의 또는 참여자들과 상황과의) 적극적이고 효율
   적인 상호작용

해당 문제에 대한 관련자들의 높은 관심 속에서 왕성한 상호작용이 이루어질 때 성찰과 심의의 계기는 쉽게 마련된다. 그리고 촉진자로서의 전문가는 다양한 방법들을 활용하여 해당 문제에 대한 관심을 높이고 상호작용을 활성화시켜야 한다. 따라서 상호작용 활성화를 위해서는 다양한 주민 참여 방법들이 적극적으로 사용되어야 한다.

의사소통 환경 조성에서는 적극적인 상호작용을 통해 능동적 성찰과 심의가 이루어질 수 있도록 소통자들 간의 균형적 파트너십을 형성해야 한다. 제기된 문제에 대해서는 공통의 이해를 가져야 하고 대화가 효율적으로 이루어질 수 있도록 추후 과정을 설정해야 한다. 또한 본격적인 대화에 들어가서는 능동적인 성찰적, 심의적 태도 속에서 상황과 상대방에게 적극적으로 응대해야 하는 것

이다. 그리고 이 세 가지는 다시 특정한 상황에서 이루어진 소통적 장소만들기 과정을 이해하고 평가하는 기준이기도 하다.

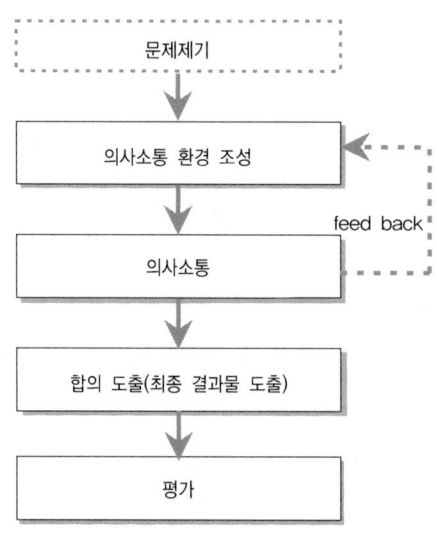

〈그림 3-2〉 소통적 장소만들기의 과정

2) 의사소통 환경 조성

(1) 의사 소통자 구성 및 관계 설정

효율적이고 효과적인 의사소통을 이루기 위해서는 지속적이고 정규적인 의견교환을 하면서 전체 진행을 이끌어 나갈 의사소통자들의 구성이 필요하다. 지역주민들과 전문가가 기본적인 의사소통자들이나 촉진자와 중재자로서의 전문가 역할을 도와주는 입장에서 혹은 주민들의 의견을 대변하는 입장에서 시민단체가 참여할 수 있을 것이며 행정도 참여하게 된다. 먼저 주민과 다른 참여자들과의 관계를 살펴보면, 햄디와 고덜트((Nabeel Hamdi & Reinhard Goethert, 1997: 68-71)는 주민 참여에서 주민과 외부자(전문가, 행정, 시민단체)와의 관계를 다음의 표와 같이 제시하고 있다. 물론 문제제기 단계에서는 '조언적 참여', 시공 후 관리에서는 '완전의사결정'의 방식으로 주민 참여가 이루어지겠으나 소통적 장소만들기 과정에서는 주민과 외부자가 동등한 입장을 갖는 '공동의사결정'을 지향해야 한다.

〈표 3-6〉 주민 참여의 정도

주민의 참여 정도	주민		외부인 (전문가, 행정, 시민단체)
주민 참여 없음			
간접적 참여	익명의 다수	<	대리인
조언적 참여	관심 있는 주민들	<	대리인
공동의사결정	관련자	=	관련자(stakeholder)
완전의사결정	중심세력	>	지원/자문

자료: Nabeel Hamdi & Reinhard Goethert, *Action Planning for Cities*(New York: John Wiley & Sons, 1997), p.68.

그런데 이를 위해서는 외부자와 지속적인 의사소통을 하면서 함께 진행을 이끌 주민들로 이루어진 중심 집단(focus group) 구성이 필요하다(Ian H. Thompson, 1999: 108). 그렇지 않고 익명 다수의 주민들을 상대로 할 경우 간접적 참여 또는 조언적 참여에 머물기 쉽다. 중심 집단(focus group) 구성은 지역사회에 따라 다르겠지만 해당 프로젝트를 위해서 주민들이 일시적으로 모여 형성할 수도 있고 기존의 주민조직이 될 수도 있다. 관심이 있는 주민들이 모여 새롭게 중심 집단을 꾸릴 경우, 가능한 한 다양한 계층의 지역 주민의 참여가 바람직할 것이다. 그러나 여의치 않을 경우 제기된 문제의 성격에 따라 젊은 엄마들의 모임, 노인들, 장애인들 등 특별한 계층의 사람들로 구성할 수 있다. 중심 집단 참여 주민들의 개인적 인적 망을 통한 주민들과의 비공식적 접촉은 전체 지역민들과의 간접적 상호작용을 불러일으킬 수 있으며 이는 매우 중요하고 독려되어야 한다. 더욱이 여성들은 공식적 워크숍 등에서는 자신의 의견을 주장하지 못하는 경우가 많고 오히려 자신들과 친근한 중심 집단과의 비공식적 접촉에서 의견을 쉽게 피력한다 (Henry Sanoff, 2000: 17 - 18). 그러므로 이들에 의해서 의견들이 걸러지거나 왜곡되지 않도록 주의하는 것이 필요하다.

다음 행정과의 관계에 있어서 행정의 바람직한 태도는 지원이라 할 수 있겠다. 기존 대부분의 외부 공간의 계획 및 설계는 행정의 주도로 이루어졌고, 문제의 제기가 주민이나 시민단체를 통해서 이루어질 경우 행정은 방관적인 태도를 취하기 쉬웠다.

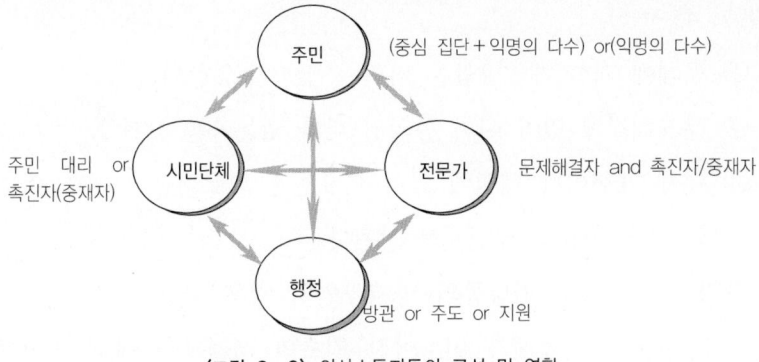

<〈그림 3-3〉 의사소통자들의 구성 및 역할>

(2) 상황 파악 및 문제 규정

성찰적 실천을 강조했던 숀(Donald A. Schön, 1983: 37 − 49)에 따르면 도구적 실천에 길들여진 전문가들은 물리적, 사회·문화적 상황을 파악하고 문제를 규정하려 하지 않는다. 그들에게 문제는 주어진 것이고 이미 정해진 전문가적 틀에 맞추려 한다. 그러나 문제가 제기된 상황까지도 문제로 보는 것이 필요하다. 그리고 문제가 제기된 상황을 파악한다는 것은 문제가 갖는 사회·문화적 가치를 평가하는 것이기도 하다. 이러한 가치 평가는 근시안적인 경제적 차원이 아닌 문화의 게스탈트(Gestalt) 내에 있는 모든 요소들을 고려해야 하기 때문에 결과적으로 생태적−문화적으로 건전할 수 있다(Lawrence Halprin, 1969: 188). 그리고 공동의 상황 파악과 문제 규정은 일시적인 사회질서 형성을 용이하게 한다.[52] 직접적으로는 추후 진행 전략과 방향 설정 및 실천을 통해 이루어야 할 목적들을 설정하는 데 영향을 끼친다. 여기서 고려해야 할 사항은 다음과 같은 것들이 있다(Nabeel Hamdi & Reinhard Goethert,

1997: 45 – 46).

① 문제에 대한 해결방안을 미리 규정하지 않는다.

② 문제해결에 있어 이미 동의된 바가 있는가를 살핀다.

③ 문제 표현이나 해석에 있어서 표현은 다르지만 그래도 비슷한 바와 다른 바는 무엇인지를 살핀다.

우리나라 관악구 사당동의 양지공원의 경우 다양한 주민 참여 기법을 사용하여 설계가 이루어진 최초의 사례라는 데도 의의가 있지만 보다 큰 의의는 '상황 파악과 문제 규정'의 과정에 있다고 할 수 있다. 대상지는 원래 도로부지로 구획된 곳이었으나 쓰레기 투기장으로 방치되었다가 1997년 행정이 주차장으로 계획하였다. 그러나 주민들은 안전, 소음과 매연 등의 문제로 주차장 대신 공원화를 제안했고 이것이 행정에서 받아들여지게 되면서 1999년 공원으로 시공되었다. 처음 주어진 문제는 '버려진 땅의 활용'에만 있었다고 할 수 있다. 그러나 주민들 간의 논의 과정을 통해 '쾌적하고 공공선에 기여할 수 있는 버려진 땅의 활용'으로 문제를 바라보는 시각이 전환된 것이다. 그리고 설계의 시작부터 시공까지 주민들의 관심이 높았던 것(한겨레신문, 1999년 4월 1일)도 공동의 상황 파악과 문제 규정에 있다고 할 수 있다.

(3) 의사소통의 과정의 디자인

사회적 가치들은 복합적이고 경쟁적이며 유동적이라 장소만들기의 상황들 또한 어떻게 진행될지 불확실하고 예측하기 어렵다. 당연한 일이다. 하지만 가능한 한 시행착오와 그에 따른 에너지 소비를 줄이기 위해서는 진행 과정을 디자인하는 것이 필요하다. 이를 위해서는 상황에 대한 진단과 문제 규정이 선행되어야 할 것이다. 이에 대한 정확성을 높이기 위해 해당 프로젝트의 성격과 시간적·공간적 범위, 전문가적 지식, 기존 사례에 대한 검토가 필요하다. 그리고 본 연구에서 제시하는 전략과 주민 참여 기법도 과정 설정에 적용되어야 한다. 이를 토대로 '전체 기간, 필요 활동, 절차' 등이 설정될 수 있다.

특히 엄격한 절차적 규칙이 없는 소통적 장소만들기에서의 사례 연구는 불필요한 시행착오들을 줄이는 데 도움이 될 수 있다. 통상적인 사례 연구들이 행위, 결과, 맥락 간의 관계를 보여 주는데 그쳤다면 여기서는 초기의 상황에 대한 규정(initial framing of the situation)부터 최종 결과까지의 탐구과정(path of inquiry) 또한 중요하게 다루어야 한다. 참여자들은 어떻게 문제를 규정했는지, 스스로 규정한 문제와 해결방안에 대해서는 어떻게 생각했는지, 디자인 언어에 대해서는 어떻게 생각했는지를 추출해야 한다. 그리고 과정에서 의도치 않게 직면하게 되는 문제들에 대해 어떻게 성찰하고 심의하여 대응하였는지도 구체적으로 검토해야 한다.

3) 의사소통 및 합의 과정

(1) 진행과정의 패턴

숀(Donald A. Schön, 1986: 243)은 성찰의 과정이 다음과 같이 6개의 지점으로 연결된다고 설명한다.

① 실행자가 자발적으로 상투적인 행동을 시작하고 이는 예측하지 못했던 결과를 낳는다.

② 실행자는 기대하지 않았던 결과를 발견하고 놀라게 된다.

③ 놀람은 성찰을 촉발하게 되고 실행자는 예측하지 못한 결과물과 추후 진행 과정을 이끌 지식을 성찰하게 된다. 실행자는 "이것이 무엇이지?"와 동시에 "우리가 갖고 있는 어떤 생각과 전략들이 이러한 결과를 낳았지?"라고 묻는다.

④ 상황에 대한 이해를 재구축하고 추후 진행될 내용과 취할 전략 행위를 구성한다.

⑤ 이러한 재구성에 기초하여, 행동에 대한 새로운 전략을 발견한다.

⑥ 발견된 전략을 실험하는 새로운 행위를 실행한다. 행위의 결과는 만족스러운 것일 수도 있고 새로운 놀람을 유발해 새로운 성찰과 실험을 요구할 수도 있을 것이다.

세이거(Tore Sager, 1994: 177 - 178)는 위와 같은 순서에 따라서 1985년과 1992년 사이에 이루어진 노르웨이 트론헤임(Trondheim)에서의 톨링(toll ring)[53)]에 대한 계획 과정을 분석하였다. 다음의 표에 이를 정리하였다.

〈표 3-7〉 손의 6개의 성찰 지점에 따른 트론헤임(Trondheim)에서의 톨링(toll ring) 계획 과정 정리

	성찰의 6개 지점	계획 과정
1	실행자가 자발적으로 기계적 순서에 따라서 행동을 시작	톨링에 대한 계획 시. 어디에다 요금소를 설치할 것인지에 대한 의견 검토. 지방정부로부터 의견 수렴
2	실행자는 기대하지 않았던 결과를 발견하고 놀람	몇몇 지역에서는 선호하나 다른 곳들에서는 교통 증가로 반대. 트롤라(Trolla)라는 지역에서는 크게 반대하여 계획가들이 놀라게 됨.
3	놀람은 성찰을 촉발	트롤라만 특별히 불이익을 받는 것인가? 그곳 사람들은 계획 도로를 거의 이용하지 않을 것인가? 계획이 트롤라 주민들에게는 부적당한가에 대해 고찰함
4	상황에 대한 이해를 재구축	트롤라가 강경하게 반대하는 것은 고립 때문인 것으로 드러남. 이 지역에서는 지역 서비스에 대한 공급이 전혀 없어서 지역민들은 무언가를 구하려면 외부로 나가야 하나 다른 지역과 달리 요금 받는 도로를 피할 수 없음.
5	행동에 대한 새로운 전략을 발견	트롤라 지역민 외에 또 반대하는 사람들을 발견하게 됨. 오지에서 트론헤임에 가기 위해서는 배를 타고 작은 강을 건너 트롤라를 지나야 하는데 이들은 이미 배 값 등 충분한 비용을 치르기 때문에 톨링을 반대함. 이에 계획가들은 정치가들에게 트롤라에서의 톨링 설치로 얻을 수 있는 경제적 소득은 정치적 손실을 보상하지 못할 것이라고 제안함
6	실행자는 새로운 행위를 실행	트롤라와 트론헤임 사이에는 요금소를 설치하지 않을 것이라는 생각이 방송됨. 다른 지역에서 반발을 하지 않자 트롤라에서의 톨링 설치는 취소됨.

자료: Tore Sager, *Communicative Planning Theory*(Aldershot, I UK: Avebury, 1994), pp.177-178 에서 참조하여 작성

성찰적, 심의적 과정을 추구하는 소통적 장소만들기의 과정도 위와 같은 지점이 연결되면서 진행될 것이다. 그런데 본 연구에서는 위의 6개 지점을 3개 지점으로 보다 간략화하여 소통적 장소만들기 과정의 패턴으로 제시하고자 한다. 일단은 앞의 '소통 환경 조성'에서 설정된 '의사소통 과정'에 따라 진행되나 외부적인 요인이나 진행 과정 중에 입수된 정보와 참여자들의 관심 정도에 따라 상황은 변하게 되고 이에 대한 성찰과 심의를 거쳐 대응을 하게

된다. 그런데 예측하지 못한 사건이 임시적인 대응만으로 해결이 어려울 경우 의사소통 환경은 재조정돼야 한다.

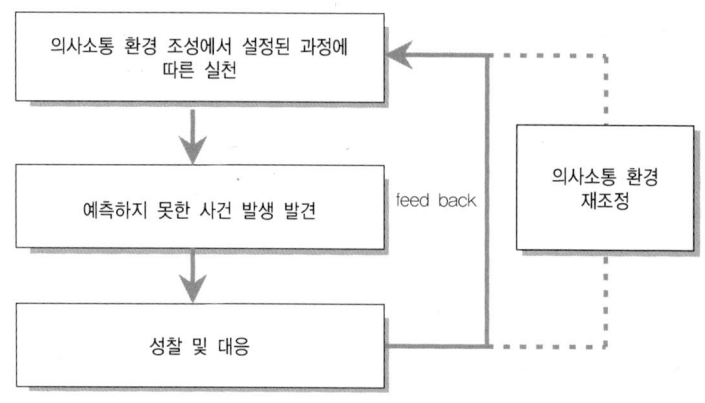

〈그림 3-4〉 소통적 장소만들기 과정의 패턴

(2) 의사소통 진행 전략

도구적 행위에서 '정보'가 행위 진행에 주요한 동인이라면 '소통적 행위' 속에서는 '관심'이 주요한 동인이 된다(John Forester, 1982: 64). 관심에 따라 문제에 대한 진단도 다르게 나타나고 참여도 또한 달라질 것이다. 따라서 촉진자로서의 전문가는, 참여자들에게 끊임없이 질문(questioning)해 상황을 다시 보게 만들고 관심을 형성(shaping attention)시켜야 한다. 더불어 전문가는 참여자들의 이야기를 잘 들어(listening) 스스로 성찰하는 기회를 가져야 한다.

■ 관심 형성하기

일반 사람들은 진행되고 있는 프로젝트가 자신에게 어떤 영향을 줄 수 있는지 예측하기 어려워, 계획이 이루어지고 난 후나 시공이 완료되고 난 후 자신과의 관련성을 발견하고 반응을 보인다. 그러므로 미리 관심을 형성시켜 자신의 삶과 어떤 연관성을 갖는지 예측하고 대응하도록 도와주어야 한다. 진행 중에 보이는 대립과 갈등 같은 반동적인 힘은 개인적 유대관계를 깨뜨리거나 집단의 결집을 망가지게도 하나 역동적인 변화와 환기를 일으키는 힘으로 바뀌기도 한다. 그러므로 갈등이 드러나지 못하게 누르는 것이 아니라 관심 형성을 통해 명확하게 드러나게 하고 서로가 인식하게 하는 것이 바람직하다(Henry Sanoff, 2000: 28 - 3).

버려진 땅을 주차장화하는 것에는 일치단결하여 반대했던 주민들이 어린이 놀이공간을 배치해야 할 시점에 와서는 소음 문제로 갈등을 나타낸 우리나라 관악구 사당동의 양지공원[54]의 사례처럼 관심 형성에 따라 이해 당사자들의 관련성 및 네트워크가 변형되고 참여 정도도 변한다. 그리고 이해 당사자들의 기대와 희망들도 변하게 되고 의견 차이는 커지기도 하고 작아지기도 한다. 그러므로 전문가는 정보를 가공하는 사람일 뿐만 아니라, 관심을 실천적으로 조직하는 사람이기도 하다.

■ 질문하기

하버마스에 따르면 대화 자체가 4가지 타당성 요구를 내포하지만 의도적으로 끊임없이 물음으로써 사람들의 관점과 입장을 확장시키는 것이 필요하다. 묻는다는 것은 단지 정보에 대한 것만이 아니라 그 이상의 기능을 갖는다. 여러 학자들(Nabeel Hamdi & Reinhard Goethert, 1997; John Forester, 1993)의 견해를 수용하여 다음과 같이 질문이 갖는 기능들을 정리할 수 있다.

- 질문은 피상적인 수사들에서 보다 깊은 관심들을 구별해 내는 것이다.
- 질문은 사람들에게 주장할 수 있는 기회를 주는 것이다.
- 질문을 통해서 견해의 차이와 갈등들을 드러낼 수 있다.
- 질문은 다른 질문들을 끌어낼 수 있는데, 다른 사람들이 어떤 견해를 갖고 있는가뿐만 아니라 왜 그들은 그런 식으로 보는가를 이해할 때 가능하다.
- 질문을 받은 이들은 생각을 한 후, 걱정을 하거나 화를 내거나 노력을 하거나 건설적 반응을 한다. 그러므로 질문은 추후 행동에 대한 가능성을 열 수 있다.
- 질문은 성찰과 심의의 가능성을 높일 수 있다.
- 질문은 드러내고 열어 놓고 찾는 것이며 대응과 행위를 요구하는 것으로, 의도에 있어서나 실천에 있어서 분석적이면서도 종합적이라 할 수 있다.

이와 같은 기능을 효율적으로 끌어내기 위해서는 전략과 기술이 필요하다. 일례로 설계가는 주민들에게 스케치를 보여 주면서 다음과 같은 세 가지 방법으로 물어볼 수 있다. "첫째, 이 그림이 당신들의 요구를 만족시키는가, 둘째, 이 그림과 같은 것과 더불어 살 수 있는가, 셋째, 이 그림에서 무엇이 당신을 열중하게 하는가?"[55] 첫 번째 질문에 비해 두 번째 질문은 전략적이고 실천적 전환이 있다. "제시된 것과 살 수 있겠는가?"라는 질문은 비록 이상적이지는 않지만 충분한가를 물어보는 것이다. 세 번째 질문은 감정(emotion)에 대한 것으로 추상적 해결방안에 대해서만 묻는 것이 아니다. 감정에 대한 질문은 문제해결이나 대안 제시에 있어 새로운 전환점을 제시해 줄 수 있다.

■ 듣기

영어의 'listening'과 'hearing' 중 본 연구에서의 듣기는 listening이다. hearing은 소리나 단어의 의미에 귀 기울이는 것을 말한다면 listening이라는 것은 단어를 듣는 것 이상을 말한다. 우리는 들을 때 소리에만 귀를 기울이는 것이 아니라 소리를 내는 사람도 듣는다. 즉, 직접적 의미뿐만 아니라 의도도 듣는다. 따라서 우리가 상대방을 얼마나 잘 아는지에 따라 이해의 정도도 다르게 된다. 포레스터(John Forester, 2001: 79 – 80)에 따르면 hearing이 I – it의 관계라면 listening은 I – thou의 관계인 것이다. 듣는 것은 상대방을 도구적이고 관료적으로 몰인정하게 다루는 것이 아니라 신중히 다루는 것으로 존경의 행위가 될 수 있다. 다음은 듣기의 기능을 정리한 것이다.

- 주의 깊음과 개방성을 논증함으로써 대화를 촉진한다.
- 참여하고 있다는 것을 명백히 하여 공유감을 만들어 낸다.
- 명확한 표현을 독려시킨다.
- 관심을 표현한다.
- 의미와 가치에 대한 기본적인 애매함을 탐구한다.
- 의도와 맥락적 의미를 이해할 수 있도록 도와준다.
- 환상과 자기기만을 막는다.
- 듣는 것은 우리는 누구이며, 무엇을 할 수 있고, 무엇이 될 수 있는가에 대한 진실을 찾는 것이다. 더불어 해석학적 실

천이기도 하므로 왜곡된 의미나 대화를 바로잡기 위해서는 듣는 능력이 필요하다. 이를 키우는 방법이나 주의해야 할 바를 정리하면 다음과 같다

- 말만을 듣는 것이 아니라 사람에 대해서도 들으려고 해야 한다. 정보 처리에 대해서만 관심을 가져서는 안 된다.
- 공유된 언어가 필요하다.
- 사실만이 아니라 의도 또한 들으려고 해야 한다.
- 맥락을 인식하지 않는다면 잘못 인식하거나 잘못 이해할 수 있다. 우리가 들은 것을 이해하기 위해서는 말뿐만 아니라 맥락, 역사적 상황도 알아야 한다.
- 그런데 맥락 또한 바뀐다는 것을 명심해야 한다.
- '증거', '옳은 이유들'에만 관심을 갖는다면 듣기는 방해받는다. 사람에게도 관심을 기울려야 한다.
- 듣지 못하는 상황에 빠질 수도 있다. 사람들의 성향을 잘못 파악하여 초기 대화의 주제를 잘못 선택하면 관계형성이 어려워질 수 있으므로 주의가 필요하다.
- 말하는 사람의 신뢰성과 성실성에 대한 평가는 듣기의 기본이다.
- 말하는 사람의 개성과 실수를 존중하지 않으면 듣기는 실패할 수 있다.
- 우리는 '부분'과 '전체'의 관계를 읽을 수 있다. 또한 '개인적'이고 '사회적'인 역사도 읽을 수 있다. 즉, 사회적 구조에 대한 고려가 필요하다.

(3) 주민 참여 기법

장소만들기를 위한 의사소통은 말(verbal)뿐만 아니라 육체, 지도, 그림 등의 물리적 도구를 통해 이루어질 수 있다. 워크숍, 디자인 게임, 공청회같이 이미 개발된 '참여 기법'들은 전문가가 효과적이 자 일반인들의 관심을 모아 질문하고 답하고 공동디자 해결방안을 찾는 데 도움이 된다. 더불어 위에서 제시한 전략을 수행하는 데 효과적이자 사용될 수 있다. 그리고 맥루한이 "미디어는 메시지이 다."라고 하였듯이 매체 그 자체가 하나의 몸짓디자서 의사소통의 내용을 강하게 규정하고 자율적으로 작동하므로 대화의 성찰 작용 을 고려하여 매체를 선택해야 한다.

근래 중요한 매체로 등장한 인터넷은 투명한 정보 제공과 폭넓 은 토론에 유용하게 사용될 수 있다. 일례로, 알 코드매니(Al - Kodmany, 1999: 37 - 45) 같은 연구자는 참여 디자인에서 주민들 에게 슬라이드로 대상지 현황을 보여 주거나, 미리 작성된 개선안 스케치를 보여 주는 방식은 상호 교환적이지 못하다고 지적하면서 GIS(Geographic Information System) 같은 컴퓨터 프로그램을 활용 하거나 참여자들 앞에서 직접 포토샵 같은 이미지 조작 프로그램 을 실행하는 등 성찰성을 높일 수 있는 매체 활용 방식을 개발하고 있다. 더욱이 장소만들기는 '디자인' '미'라는 까다로운 과제도 다 루고 있어, 다양하고 창의적인 주민 참여 기법이 개발이 요구된다.

햄디(Nabeel Hamdi)와 고덜트(Reinhard Goethert)의 제안을 수용 하여 주민 참여 기법의 선정 시 고려 사항을 다음과 같이 정리할 수 있다.56)

- 이해하기 쉽고 사용하기 편리한가?
- 상황에 따라 융통성 있게 적용이 가능한가?
- 기법은 경쟁보다는 협동과정을 강조하고 있는가?
- 기법은 외부의 도움 없이 활용할 수 있는가?
- 모든 관심 있는 사람들과 관련자들을 포함시킬 수 있는가?
- 단기간에 집중적으로 실행할 수 있는 방법이면서, 장기적인 효과를 기대할 수 있는가?
- 즉각적으로 눈에 보이는 결과물을 만들어 내는가?
- 전문가에 대한 의존도는 어느 정도인가?
- 프로세스에 교육과정이 포함돼 있는가?
- 현장경험이 있는 방법론인가?

주민 참여 기법에 관해서 1970년대 말 로제너(Rosener)는 39가지의 주민 참여 기법들을 정리하였고 윌콕스(Wilcox)는 커뮤니티디자인에 있어서의 주제들과 기법들을 알파벳 순서에 따라 A에서 Z까지 정리하였다. 본 연구에서는 다양한 주민 참여 기법을 첫째, 주민에게 정보를 전달하는 방법 둘째, 정보를 주민에게서 얻는 방법 셋째, 결과물 산출에 주민을 참여시키는 방법으로 나누어 정리하여 제시하고자자인에 [57] 구체적인 내용은 사노프(Henry Sanoff, 2000), 웨이트스(Nick Wates, 1998), 톰슨(Ian Thompson, 1999) 햄디와 고 덜트((Nabeel Hamdi & Reinhard Goethert, 1997), NRF(Northwest Regional Facilitators)에서 운영하는 웹사이트(http://www.nrf.org), 일본 세타가야구 커뮤니티디자인 센터 웹사이트(http://www.setagaya-udc.or.jp), 샤렛기법을 발전시키고 교육하는 샤렛단체의 웹사이트(http://www.charretteinstitute.org) 등을 참고했다.

■ 주민에게 정보를 전달하는 방법(Getting Information to the Public)

적절한 시기에 주민들에게 해당 프로젝트에 대한 정보, 진행 경과, 주요 행사를 알리는 것은 해당 프로젝트에 대한 관심을 높여 참여를 독려시킬 수 있다. 참여 과정에 있어 공통적으로 나타나는 비판이 "아무도 나에게 이야기를 해 주지 않았다."라는 것이다. 따라서 다양한 방법을 통해 주민들이 정보에 접하도록 해야 한다. 말로 전달하기, 전시, 매스미디어에서의 알림, 웹상에서의 알림 등이 구체적인 방식이다.

〈표 3-8〉 주민에게 정보를 전달하는 방법

구분	내용 및 특성
말로 전달하기 (word-of-mouth)	• 비영리로 운영되는 미국의 커뮤니티디자인 센터 중의 하나인 NRF(Northwest Regional Facilitators)는 입으로 정보를 전달하는 것이 가장 강력한 방식이고 주민들은 직접 대면을 통해서 정보를 전달받을 때 감격한다고 본다. • 중심 집단을 활용해서 말로 정보를 전달할 경우 의도 및 내용이 와전하지 않도록 해야 한다. 그리고 뒤의 주민에게서 정보를 얻는 방법 중의 하나인 면담과 함께 진행할 수 있다.
전시 (exhibits)	• 알리고자 하는 내용들을 포스터로 작성하여 버스 정류장, 쇼핑몰, 도서관 등 주민들이 많이 모이는 공공공간에 전시한다. • 전시물 옆에 이를 안내하는 사람이 있다면 효과적이다.

구분	내용 및 특성
매스미디어에서의 알림 (media presentations)	• 프로젝트의 성격에 따라 신문, TV 방송 등을 통해서 주민들에게 진행되는 바를 전달할 수 있다. • 관심을 끌기에 좋은 방식이되 시기 적절성, 사실성, 객관성들이 고려되어야 한다. • 일본의 세타가야 커뮤니티센터에서는 '마을 신문'을 일 년에 6번 발행하여 진행되고 있는 환경 개선 프로젝트와 관련된 행사진행 내용들을 지속적으로 알려 주고 있다.
웹상에서의 알림 (presence on the web)	• 인터넷의 발달로 웹사이트(web sites)를 사용해서 주민들에게 정보를 전달할 수 있다. 정보의 전달뿐 아니라 상호 의견 교환과 토론도 할 수 있는 등 다양한 가능성을 갖고 있다. • 서울시는 서울 시청 앞을 광장화하는 프로젝트를 진행하면서 홈페이지 상에서 토론방을 운영하고 있고 광장화에 대한 정보 제공과 현상 공모 작품들을 전시하고 있다.

- **주민에게서 정보를 얻는 방법(Getting Information from the Public)**

주민들이 필요로 하는 것을 알아내고, 재검토하고, 해결방안을 선택하는 데 주민들을 참여시켜야 한다. 지역민들이 스스로 문제점과 자신들의 중요한 자산이 무엇인지를 이해하고 의견 차이를 만들어 내는 요소들을 검토하도록 하기 위해서는 효과적이면서도 창의적 방법이 필요하다. 구체적 방법으로는 익숙한 면담조사, 설문조사가 기본이 되며 그 외 인식 답사(awareness walks), 공청회, 편지나 이메일을 통한 의견 수렴 방법 등이 있다.

〈표 3-9〉 주민에게서 정보를 얻는 방법

구분	내용 및 특성
문제 인식 답사 (awareness walks)	• 주민들이 관찰하고 경험한 것들을 직접적으로 기록할 수 있다. 그리고 여기에는 물리적, 사회적인 이슈들뿐만 아니라 감정적이고 심미적인 인식의 내용도 포함된다.
면담 (interview)	• 지역사회의 숨겨진 사회, 경제적 구조를 알 수 있다. • 공식적 인터뷰: 보통 설문지를 통해 이루어진다. 대답을 필요로 하는 특별한 주제에 사용된다. • 비공식적 인터뷰: 스스럼없는 방식으로 친숙한 환경에서 이루어지며 개방 질문을 포함한다.
상호작용적 전시 (interactive display)	• 미리 준비된 전시물에 주민들이 추가될 내용이나 변경돼야 할 내용들을 적는 것을 말한다. • 몇 개의 질문과 빈칸을 두는 방식, 그림과 모델을 설치하는 방식 등이 있다. • 일례로 "이 지역에서 당신이 좋아하는 것은 무엇인가? 싫어하는 것은 무엇인가? 무엇이 개선되었으면 좋겠는가? 당신은 무엇을 도와줄 수 있는가?" 같은 질문이 적힌 게시판을 사람들이 자주 모이는 공간이나 자주 지나는 길목에 설치할 수 있다(Nick Wates, 1998: 54-55).
상호작용적 전시 (interactive display)	
공청회 (public hearing)	• 주민들의 의견을 듣기 위한 방법이다. 보통 프로젝트 진행 말미에 이루어지기 때문에 다른 참여 기회들을 수반하지 않는다.
지도 만들기 (mapping & diagram)	• 지도 만들기는 주민들이 공간을 어떻게 인식하고 있는지를 알아내는 시각적 방법으로 공간에 대한 특별한 정보와 공간 인식에 있어서 주민들 간의 차이점을 이해하는 데 효과가 매우 높다.

구분	내용 및 특성
사진 조사 (photo survey)	• 주민들이 스스로 대상지에 대한 사진을 찍고 토론을 하도록 하는 것으로 지도에 사진을 붙이고 찍은 이유 등에 대한 의견을 첨부, 전시하는 과정을 거친다.

■ 결과물 산출에 주민을 참여시키는 방법(Involving Public in Implementing Projects)

이 방법은 결과물을 만들어 내는 과정에 주민들을 참여시키는 것을 말한다. 가능한 한 많은 아이디어을 쏟아 내는 것이 필요하며 이 과정 속에서 주민들 간의 견해차가 확인되고 조절될 수 있다. 워크숍 같은 토론, 샤렛(charrette) 같은 브레인스토밍, 주민들이 직업 설계안을 작성해 보는 핸드 온(hand on) 기법, 설계안을 평가하는 기법 등이 있다.

〈표 3-10〉 프로젝트 실행에 주민을 참여시키는 방법

구분		내용
워크숍 (workshop)		• 워크숍은 임상 심리학의 한 가지 방법으로 시작해서 댄스나 연극 등 폭넓은 창조활동에 쓰이게 되었고 환경계획 및 설계 분야에서는 '60년대 미국의 로렌스 햌프린이 처음으로 시도하였다. • '워크숍'이란 단어 자체가 시민들이 인간관계에 대하여 배울 기회가 되는 경험을 갖게 한다는 것을 의미하므로 성찰적 사고와 아이디어의 개발, 그리고 새로운 시각의 실험 그리고 문제해결에 효과적이다. • 종류로는 디자인 워크숍(design workshop), 아트 워크숍(art workshop), 필드 워크숍(field workshop) 등이 있다.
브레인스 토밍 (brainstor ming)	샤렛 (charrette)	• 원래 샤렛이라는 말은 프랑스의 에콜드보자르에서 마감시간에 맞추어 작품들을 수거하러 돌아다니는 마차에서 유래된 말이다. 현대에서는 단기간에 강도 높은 과정을 통해 결과물을 생산하는 방식을 일컫는데 '합의'가 진행원리로 등장하였다. • 현대의 샤렛은 결과물 및 그 진행과정을 동시에 일컫는다. 다른 분야 간의 문제해결에 있어서 성공적인 접근방법으로 인식돼 오고 있으며 문제가 명확할 때 성공적이다. • 전형적인 샤렛 과정은 3-5일 간 집약적으로 진행하여 참여를 극대화한다.
	기타	• 핀 카드: 참가자들은 큰 탁자에 둘러 앉아 카드를 돌리면서 지신들의 생각들을 붙여 가는 것이다. • 클랜포드 슬립 라이팅(cranford slip writing): 사람들이 많을 때 사용된다. 문제가 제시되면 참가자들은 20개의 아이디어를 20개의 카드에 쓴다. • 린기 프로세스(Ringii Process): 일본에서 시도되는 방법인데 한 아이디어를 한 카드에 쓰고 다음 사람에게 전달되어 계속 쓰여 간다. 다시 원래 쓴 사람에게 전달되어 처음의 생각들을 수정하여 다시 쓴다. 이 방법은 사람들 간의 의견충돌을 막기 위한 방법이다.

구분		내용
디자인 평가 (design appraisal)		• 1992년 그린느는 커뮤니티디자인 이슈에 대해 의사소통하고 평가하는 구조를 발전시켜 왔는데 그는 '기능, 순서, 정체성, 흥미'라는 네 가지 원리를 제시하였다. – 기능(Function)은 모든 사용자들의 필요를 만족시키는 환경의 능력 – 순서(Order)는 사용자들의 관점에서 환경의 명확성을 의미 – 정체성(Identity)은 특정 시각 이미지를 내포하는 환경능력 – 흥미(Appeal)는 사용자들에게 즐거움을 주는 환경능력 • 이 평가과정에 참여자는 전문가와 비전문가 모두를 포함한다. 평가에 시각적 이미지가 사용될 경우 사람들이 가상 경관(virtual landscape)과 실제 경관(real landscape)을 혼동할 수 있으므로 유의해야 한다.
핸드 온 (hand on)	플래닝 포 리얼 엑서사이즈 (planning for real exercise)	• 근린주구 발의 재단(Neighbourhood Initiatives Foundation)이 개발한 기법이다. 디자인 워크숍이 발전된 것으로 일반 사람들에게 드로잉, 콜라주, 그리고 모델 작업을 할 기회를 주는 것이다. 이것은 조직화되거나 조직화되지 않은 논쟁을 포함하고 드라마, 공예 그리고 음악 같은 활동들도 포함한다.
	디자인 게임 (design game)	• 영국의 커뮤니티 랜드(Community Land)와 워크숍 서비스(Workshop Service)가 발전시켰다. 많은 사람들이 실제 디자인에 참여할 수 있는 기회를 제공한다. 구체적 순서는 다음과 같다. • 대상지에 대한 베이스맵(basemap)을 미리 준비⇒구체적인 디자인 요소들을 나타내는 조각들을 미리 준비⇒개인들과 그룹은 자신들이 원하는 디자인이 나올 때까지 조각들을 움직임⇒사진을 찍음⇒다른 사람들과 집단들이 만든 최종 결과물에 대해서 토론하고 분석.
	필드 디자인 게임 (field design game)	• 본 연구자가 시도해 본 것으로 참여자들이 현장에서 직접 공간을 느끼면서 자신들의 의견을 표현해 보도록 하는 것이다. 순서는 다음과 같다. • 실제 시설물을 대체할 수 있는 것들을 준비(일례로서 간이 의자, 모래사장 대신 매트, 안내 표지판 등)⇒참여자들에게 대체 시설물들을 나누어 주고 자신이 원하는 곳에 배치하도록 함⇒결과물을 사진으로 찍고 도면에 위치를 표시.

앞서 설명한 실천방법은 다음과 같이 하나의 모식도로 정리할 수 있다.

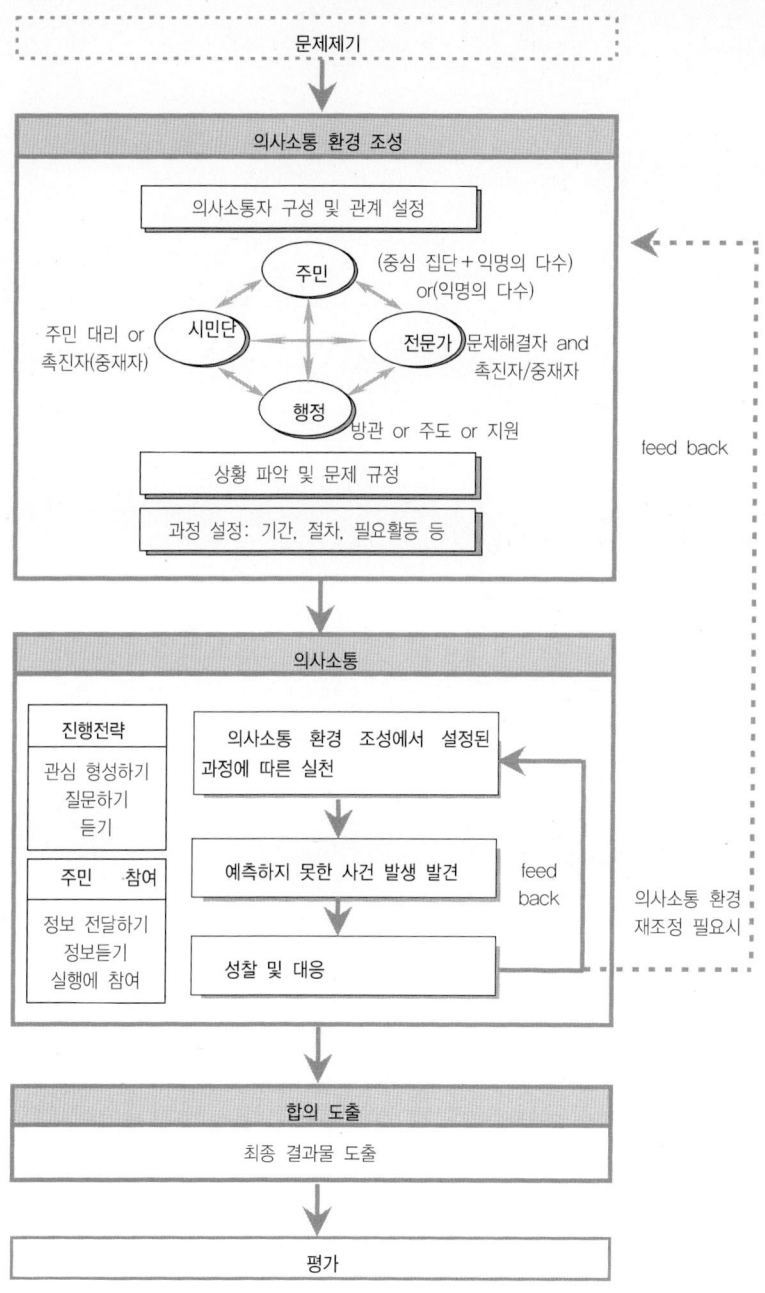

<그림 3-5> 접근방법 종합 모식도

IV

한평공원 만들기,
소통적 장소만들기의 실험

1. 한평공원, 소통적 장소만들기의 실험

1) 소통적 장소만들기 실험으로서의 한평공원

사례 연구는 2002년 시민사회에서 시작한 한평공원 만들기를 대상으로 한다. 한평공원 만들기는 '한 평'같이 작은 도시의 자투리 공간을 찾아내어 공원으로 만들자는 프로젝트이다. 이미 도시의 자투리 공간을 찾아내어 마을주민들을 위한 공원, 공동체적 공간으로 조성하고자 하는 시도는 여러 번 있어 왔다. 1991년 서울시와 문화부는 저소득 고밀도 주거지역에 문화와 복지의 공유를 위한 장소로 쌈지공원 3개소를 조성하였고, 이후 1996년에는 그동안 매각과 임대 위주로 운영해 온 시유지 자투리땅을 대상으로 '서울시 마을마당 조성계획'을 현상공모에 부쳐 당선작을 결정하고 2001년까지 131개소의 마을마당을 조성하기도 했다.

쌈지공원과 마을마당은, 당시에만 하더라도 법규 규정에도 없는 새로운 시도로, 서울시에서 내건 "시설공급 위주보다 서비스 제공 위주, 공급자보다 이용자 위주, 획일적 계획보다 지역적 특성 살린 장소만들기"라는 모토는 획일적 공원 공급에 대한 대안(김한배, 2001: 102 – 110)으로 많은 기대를 모았었다. 마을마당의 경우 진행 과정 중에 설문조사와 주민설명회를 실시하는 등 주민 참여를 시도하였다.

새로운 시도에도 불구하고 몇 가지 문제점을 지적할 수 있다. 먼저 '장소성'이다. 설계개념이나 공간구성이 일률적이라 장소성이 제대로 반영되지 못했다는 지적을 많이 받는다. 조남석은 느티나무, 자연석 축대, 정자 모양의 파고라, 전통적 요소에서 도입했다는 문주 같은 시설요소들을 약간씩 변형하거나 위치를 바꾼 정도의 변화만 있을 뿐 설계개념이나 공간구성이 모두 획일화되어 있어 마치 한 사람이 설계한 것처럼 보인다고 지적했다.[58]

현실과 괴리된 설계가의 지역성 해석과 구현도 장소성 반영의 한계로 지적될 수 있다. 금호동 쌈지 마당의 경우 저소득 서민들의 주거지역이라는 것을 염두에 두어 빨래터를 설치하였다.[59] 그러나 이 쌈지 마당이 시공된 1991년에는 이미 집집마다 수도시설이 확충되어 필요 없었고 현재는 물도 나오지 않는 등 쓸모없는 시설물이 되었다.

〈사진 4-1〉 금호동 쌈지공원의 빨래터

둘째, '공동체적 공간 추구'를 이야기 할 수 있다. 서울시의 마을마당 기획의도가 나타나는 신문기사나 용역 보고서에서는 쌈지공원과 마을마당의 본질적 의미를 '마을 사람들의 공동체적 생활공간'으로 보고 있다. "마을마당은 단순한 녹지가 아니라 이웃과 함께 가꾸고 서로 어울림으로써 공동체 의식을 다지는 열린 공간이다."60), "전통사회 마당과 대 도시공원의 역할을 조화시켜 주민들이 함께 나무를 가꾸고 모임을 가질 수 있는 현대적 의미의 마을마당을 조성하겠다."61), "전통적으로 농경사회였던 우리나라는 이웃과 함께 일하고 즐기는 미풍양속이 이어져 왔다. 산업화와 도시화를 겪으며 이러한 공동체 의식이 사라지기에 이르렀다. (중략) 이렇게 물리적, 정신적으로 각박한 환경에 비록 작으나마 잘 가꾸어진 마을마당을 조성한다는 것은 도시에 많은 의미를 줄 것이다."62)

공동체적 공간이라는 것이 거창하다면, 주민들이 마을에 대한 소속감을 가질 수 있는 공간, 스스로 관리하는 공간이라고 달리 말할 수 있다. 이것은 앞에서 다루었던 '공공성'과 관련된다. 그러나 앞서 살펴보았듯이 물리적인 내용에서는 마을의 공동체성이 드러나지 않았다. 그리고 주민 참여에 있어서도 설계가 모두 이루어진 뒤의 공청회 정도로 공동체적 공간으로 주민들이 인식하기에는 한계가 있었다. 그런데 이나마 시의원이나 구의원 중심으로 이루어져 주변 주민들은 공청회에서 제외되었다. 금호동 마을마당과 중곡동 마을마당의 인접 주민들을 면담했을 때 공청회 개최에 대해서 전혀 알고 있지 못했다.

이로 인해 나타나는 것이 주민들의 민원과 시공 후 시설물 변경이라 할 수 있다. 미리 방지할 수 있었던 갈등이 야기되고 경제적 비용도 들게 되는 것이다. 중곡동 마을마당에서 만난 정석주 씨는 마을마당 맞은편에 살고 있으나 공청회가 열리는 것을 전혀 몰랐다고 한다. 그는 전체 공사 과정을 모두 관찰하였는데, 조형물과 돌 벤치가 가운데 있으면, 어린이들이 놀기에 좋지 않을 것 같아 위치를 바꾸어 줄 것을 요구하였으나 받아들여지지 않았다고 한다. 그리고 조형물의 경사진 면을 어린이들이 타고 놀아 위험하고, 돌 벤치 모서리에 아이들이 다치는 일이 있어 민원을 넣은 결과 시공 후 1년이 지난 후에야 구청에서 버너마감을 했다고 한다.

그렇다면 시공 후에라도 남녀노소 전 주민이 직접 참여하여 가꾸고, 함께 이용할 수 있는 프로그램 진행으로 진정한 마을 마당의 완성을 이루도록 해야 할 것이다. 그러나 현 시스템에서는 어려움이 많다. 중곡동 마을마당의 경우 정석주 씨 등 몇몇 주민이 자발적으로 관리에 참여하고 행정기관에 의견을 개진하고 있었다. 일례로 2004년 정석주 씨는 아그배나무가 자라면서 가로등을 가리므로 나무의 위치를 변경해 달라고 민원을 넣고 있는데 처리가 더디다고 불평한다. 스스로 옮겨도 되지 않겠느냐는 질문에, 그는 공공시설물을 개인이 마음대로 옮겼을 때 문제가 되지 않느냐고 반문한다. 주민들에게 관리의 책임을 일부 위임하고 주민들의 자발적 관리를 격려하여 지속시키는 방안이 없는 것이다.

왼쪽 조형물과 돌 벤치는 주민들의 민원으로 공사 후 1년 반 후에 버너마감을 하였다고 한다. 그리고 주민 정석주(64세) 씨는 현재는 수목위치 변경을 구청에 요구하고 있다고 한다.

〈사진 4-2〉 주민 민원에 의한 중곡동 마을마당 개선

위와 같은 문제의식을 배경 삼아 한평공원만들기 사례를 진행했다. 여기에는 소통의 과정이 앞서 제시한 문제들에 대한 예방책이 될 수 있으리라는 믿음이 깔려 있다. 더불어 한평공원은 한국사회에서의 커뮤니티디자인에 대한 새로운 실험이기도 하다. 그럼 여기서 잠깐 한국에서의 커뮤니티디자인에 대해서 검토해 보도록 하자.

2) 커뮤니티디자인의 실험으로서 한평공원

먼저 외국에서의 커뮤니티디자인에 대해서 살펴보면, 제1장에서 잠깐 언급하였듯이 1960년대 미국의 도시건축 관련 전문가들은 도시재개발에 반대하는 주민들의 권리 옹호 운동에 참여하고 관련 계획이론을 발전시키는 반면 실제 계획 및 설계 과정에 시민을 참여시킬 수 있는 방법을 개발했다. 커뮤니티디자인센터가 설립되어 활동의 기반이 되었다. 사노프(Henry Sanoff, 1979: 4-6)에 따르면

많은 센터 설립에 교수들과 학생들, 젊은 자원봉사자들이 참여하였고 정부의 다양한 프로그램과 제도적 지원을 받아 운영하였다. 그러나 1970년대 후반부터 사회적 분위기가 보수적으로 변하자 정부의 지원이 감소되었고 초기의 이상적 형태를 벗어나 실용적 형태를 띠게 되었다. 전문화되고 보편적 문제보다 지역 차원의 문제에 보다 집중하게 되었다. 일반적인 계획이나 디자인을 실행하고 개인 재단에 의존해 자금의 확보 문제를 해결하고 있다. 설립 초기에 비해 성격은 다소 변했지만 주민 참여의 활성화 및 총체적인 커뮤니티 단위의 정비사업을 추진하는 데 효과가 있다. 현재는 미국뿐만 아니라 일본 등 여러 나라에서도 커뮤니티디자인센터가 운영되고 있다.

일본의 커뮤니티디자인은 마치즈쿠리(まちづくり) 운동과 관련이 된다. 전후 일본 대도시에서는 인구집중과 고도경제성장 정책으로 일반인들의 주거환경이 열악해졌고 주민과 지역사회는 주체적으로 전문가 그룹의 지원을 받아 시민운동 차원의 마치즈쿠리를 전개하였다. 마치즈쿠리는 운동이므로 주민의 직접적인 참여를 실현하기 위한 조직이 필요했고, 1970년대 초반 혁신적인 지방자치단체가 있는 지역에서는 지역회의, 마치즈쿠리협의회, 지구주민협의회 등이 생겨났다. 그리고 마치즈쿠리 운동이 활발한 지자체에 따라서는 커뮤니티디자인을 위한 센터가 설립되었다. 세타가야구의 마을만들기 센터가 이 중의 하나이다. 세타가야구의 마을만들기 센터는 주민·기업·행정의 협의 속에서 커뮤니티 개선을 위해 1992년 만들어졌다. 그리고 주민과 행정의 기부로 조성된 '공익 신탁 세타가야 마을만들기 펀드'의 지원으로 운영되고 있다.[63] 공원 계획 및 설

계와 관련하여 세타가야구의 마을만들기 센터의 운영 사례를 살펴보면 1998년 7월 '도도로키 8가 공원(等々力8丁目公園)' 조성을 알리는 피자파티를 시작으로 2000년 8월 관리에 대한 주민회의까지 전 과정을 주민 참여 속에서 진행하고 있고 '마을 신문'을 통해 지속적인 주민들의 관심을 유발하고 진행 과정의 문제점과 시사점을 검토하고 있다. 공론장을 통한 성찰과 심의라 할 수 있다.

한국에서의 커뮤니티디자인은 90년대 중반에 일었던 '마을만들기' 운동의 연장선상에서 살펴볼 수 있다. 일본의 '마치즈쿠리(まちづくり)'의 번역어인 '마을만들기'가 그대로 이름이 된 이 운동이 확산된 데에는 시대적 이유가 있었다. 두 가지 정도로 정리해 볼 수 있겠는데, 하나는 지방자치제도의 시행이고 다른 하나는 시민운동의 방향 선회이다.

1991년 지방자치제도가 실시되면서 행정과 주민들 사이에 지역에 대한 관심이 높아졌고 지방자치의 핵심이 주민자치인 만큼 주민 참여가 장려되기 시작했다. 우리보다 앞서 지방자치제를 실시했던 일본의 마치즈쿠리는 벤치마킹의 대상이 되었다. 당시 우리나라에서 유명해졌던 일본 세타가야구의 마을만들기 센터에는 한국어판 소개서가 비치되었을 정도로 답사하는 사람들이 많았다고 한다. 지방자치제도로 동사무소는 '주민자치센터'로 명패를 바꿔 달았고 몇 가지 실험적인 프로젝트가 진행되었다. 커뮤니티디자인 차원에서 주목해 볼 수 있는 작업으로는 1998년 서울대학교 조경학과 김성균 교수가 진행했던 양지공원 조성이 있다. 그는 기존의 마을마당 조성과정과는 달리 주민들과 디자인을 진행시켰고 주민들의 손바닥을 찍은 도자기판을 공원 한쪽에 남겼다. 또한 시정개발연구원은 2000년 광진구의 노유거리에 대한 도시설계를 진행하면서 매 단계마다 주민들의 의견을 물어 반영했고 간판정비와 거리관리에 대한 주민들 간의 약속을 유도했다.

다른 한편, 민주화 운동이나 노동운동에 국한되어 있던 시민운 동은 1987년을 기점으로 시민들의 다양한 욕구를 포괄하게 되었 다. 소비자 운동, 공동체 운동, 환경 운동 등이 그것이다. 마을만들 기 운동도 이런 맥락 속에 있는데, 하나의 운동이라기보다는 개별 적으로 일었던 보행권 찾기 운동, 아파트 공동체 운동, 차 없는 거 리 운동같이 일상의 문제와 공동체성 회복에 주력했던 운동들을 통틀어 일컫는다.

마을만들기 운동 중 도시정책에 대한 반대나 골목길 가꾸기 같 은 소극적 움직임에서 벗어나 도시환경 개선에 적극적으로 개입한 것은 대구시의 담장 허물기 운동이다. 이 운동은 1996년 대구의 한 젊은 시민운동가(김경민, 대구 YMCA)가 자신의 집 담장을 허 물면서 시작해 대구시 전체로 확산되었다. 그리고 전국적으로 이루 어진 학교와 관광서의 담장 허물기 사업의 모태가 된다. 시민운동 가는 자신의 정원을 동네사람들과 공유하기 위해 일단 담장을 허 물긴 했으나, 다시 디자인의 문제(허문 담장공간의 활용과 대로로 노출된 개인의 프라이버시의 처리)가 대두되었다고 한다. 즉 디자 인은 차후에 사유된 것이다.

반면 2002년부터 시작된 한(一)평(坪)공원 만들기 운동은 '디자 인'에 무게중심을 둔다. 이 사업의 의의는(전문가들이 발전시켜 온) 디자인의 과정과(시민사회가 주장하는) 주민 참여를 적극적으로 결 합시키려 한 데 있다. 이것은 초기부터 조경가, 건축가, 도시계획가, 공공미술전문가 등 전문가 집단(Community Design Center: CDC)이 적극적으로 참여했기 때문에 가능했다. 이들은 문헌을 통해 학습한 외국의 참여 이론과 방식, 사례를 한평공원 조성에 응용하려 했다. 기존의 운동들이 커뮤니티에 중심을 두고 외부환경 디자인을 바라보았다면 이 운동은 전문가의 영역 내에서 커뮤니티를 어떻게 볼 것인가를 고민했다는 의미를 지닌다. 다양한 매체를 통해 소개되는 등, 사회적 관심을 많이 받았고 다양한 시민사회의 활동에 영향을 끼쳤다. 안산의 YMCA가 진행한 꽃길만들기 운동이나 2007년부터 서울그린트러스트가 진행하고 있는 우리동네숲은 대표적인 예라고 할 수 있다.

2. 원서동 한평공원 만들기

1) 대상지의 개요

대상지는 행정동상 서울특별시 종로구 가회동 20번지 내 골목길 입구에 위치하고 있고 총면적은 7.2㎡이다. 20번지 일대는 약 5미터 폭원의 골목길을 사이에 두고 오래된 한옥 20여 채가 마주 보고 있다. 대상지에는 1960년대까지 공동우물이 있었으나 1980년대 좀도둑 및 불량배로부터 동네의 안전을 확보하기 위해 주민들은 자발적으로 성금을 모아 공동우물을 없애고 방범초소를 건립하였다. 그러나 2002년 여름 당시에는 기능을 상실하고 주민들이 버린 쓰레기가 적치되어 있었다.

대상지 주변 일대는 법정동으로는 원서동으로 조선시대에는 원골로 불렸으며 개천인 물길을 따라 형성된 곳이다. 창경궁이 인접해 있는 만큼 조선시대에는 궁중 나인들과 내시 등이 주로 살았고, 문화재관리국(현 문화재청) 소유의 국유지였으나 한국전쟁 때 난민들이 무단 점유하면서 불량주택과 소규모 한옥이 들어서게 되었다. 1992년 주거환경 개선 사업지구로 지정되면서부터 4－5층의 다세대 다가구 주택이 건설되기 시작하여 현재에 이르고 있다.

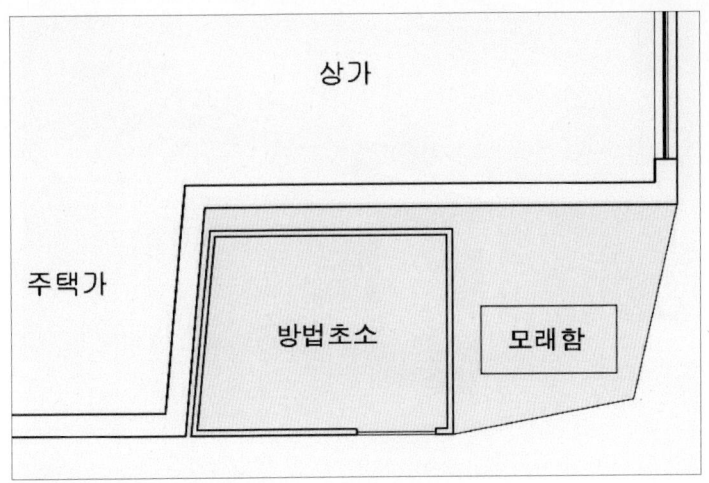

〈그림 4-1〉 원서동대상지 평면도

〈사진 4-3〉 원서동 대상지 현황 1
주민들이 모금하여 설립하였던 방범초소가 보임

〈사진 4-4〉 원서동 대상지 현황 2
한옥들로 이루어진 골목 입구에 있음

2) 전개 과정

(1) 문제제기

대상지는 1990년대 중반 이후 방범체계의 변화로 방범초소 기능을 상실하면서 쓰레기 적치장으로 방치되어 주변 경관을 해치고 위생적으로 문제가 되었다. 2002년 6월, 지역의 통장을 비롯한 몇몇 주민과 시민단체인 걷고싶은도시만들기시민연대(이하 도시연대)는 지역민들에게 대상지 개선의 필요성을 제기했고 전문가로 본 연구자가 참여하게 되었다.

(2) 초기의 의사소통 환경 조성

■ 의사소통자 구성 및 관계 설정

주민 면담결과 계모임 같은 지역 내 주민들 간의 자치조직이 없었고 반상회 같은 공식적인 모임도 활성화되어 있지 못한 채 주민들의 접촉은 개별화되어 있었다. 다만 대상지 주변에 위치한 노인정에서 주민들을 집단적으로 만날 수 있었고 이들 중에는 주변 공방을 운영하는 문화인도 있었다. 그러나 이들은 "젊은 사람들이 알아서 하라"며 소극적 자세를 취하였다. 이에, 단시일 내 많은 주민들이 참여하는 중심 집단 구성은 무리라고 판단하고 주민의 대표격인 통장과의 지속적인 협력 속에서 주요 논의를 진행하기로 결정하였다. 그리고 노인정의 노인들과는 진행 사항을 알리고 의견을 듣는 정도에서 협력하기로 하였다.

시민단체인 도시연대는 전문가 집단인 연구자들과 주민들 간의 가교 역할을 하였고 시유지인 대상지 개선에 대한 행정의 동의를 이끌어 내 행정절차를 간소화하는 역할을 하였다. 통장은 80년대 중반부터 2002년 당시까지 통장 임무를 맡고 있을 만큼 주민들과의 관계망이 넓고 신망이 높아 주민들의 의견을 수렴하고 조율하는 데 적당하다고 여겨졌다.

■ 상황 파악 및 문제 규정

대상지가 위치한 북촌에서는 2001년부터 '서울시 북촌 가꾸기' 사업이 이루어지고 있다. 이 사업은 북촌 한옥을 보존하고 동네를 정비하여 운치 있는 도심주거지로 되살리기 위해 한옥 수리비용

지원, 세금감면 혜택, 생활환경 정비, 일부 한옥 매입 등 공공 투자 확대를 골자로 하고 있다. 특히 한옥 등록제를 골간으로 시작되고 있는 북촌 가꾸기는 마을을 지키고 되살리는 일을 주민으로부터 시작한다는 점에서 '주민 참여 마을만들기'의 의미를 지닌다. 그러나 북촌에는 한옥 보전과 개발이라는 극단적인 갈등이 존재하고 있으며 주민보다는 행정이 주도하고 있다. 이에 주민 참여를 통한 대상지의 소공원화는 주민주도형 북촌 가꾸기의 가능성을 모색해 볼 수 있는 기회로 여겨졌다.

■ 과정 설정

연구자와 도시연대는 대상지 개선에 대한 필요성 및 개선 방향에 대해 주민들과의 의견 공유 방법으로서 먼저 면담 방법을 채택하여 주민들의 반응을 살폈다. 설문조사를 실시하여 필요시설, 설계의 방향을 정한후 설계안을 작성하고 시공하기로 하였다. 전체 과정은 '주민들에 대한 면담조사⇒설계안 작성⇒설계안에 대한 주민들의 의견 수렴⇒시공 및 마을 잔치'로 진행되었다.

(3) 의사소통의 전개

■ 개별 면담을 통한 의견 공유: 2002년 8월, 9월

대상지 개선에 대한 필요성을 공유하기 위해 도시연대와 통장은 주민 20여 명을 대상으로 면담조사를 실시하였다. 대부분의 면담자들은 대상지가 매우 지저분하고 개선이 필요하다고는 느끼고 있었으나, 이에 대한 구체적인 정비방안에 대해서는 고민이 없는 상

태였다. 대상지를 비롯한 주변 환경에 대한 관심 부족과 이제까지 주변 환경에 대한 문제점이나 의견들을 제시할 창구가 없었던 탓에 적극적일 이유가 없었던 것으로 여겨졌다.

주민 면담에서 대상지를 비롯한 외부 환경에 대한 관심을 불러일으키는 것과 자신들의 의견이 반영될 수 있다는 자신감을 주는 것이 필요함을 발견하였고 이에 대한 대안으로 먼저 어린이들을 대상으로 마을 탐방 프로그램을 진행하였다. 그리고 2차 면담을 통해 주민들의 의견이 대상지 개선에 반영될 수 있다는 것을 인지시키고 개선 방향에 대한 의견을 묻는 개별적 접촉을 계속하였다. 주민들은 자신들 스스로가 지었던 방범초소 건물을 재활용하길 원했고 대상지 인접 건물 거주자들이 공원 조성으로 야기될 소음 등의 문제에 불만이 없다면 소공원으로 개선하는 데 찬성한다는 태도를 보였다.

그러나 몇몇 주민들은 깨끗이 청소만 하면 됐지 굳이 비용을 들여 소공원으로 조성할 필요가 있느냐, 다시 쓰레기 적치장이 될 수도 있지 않느냐는 반응을 보였다. 이에 통장은 가능한 한 적은 비용을 사용할 것과 소공원으로 조성하면 경관이 개선되고 사람들의 이용과 관심이 많이 쏠려 다시 쓰레기 적치장으로 전락할 위험성은 적다는 것, 관리가 용이하게 설계할 것을 알렸다.

■ **설문조사: 2002년 9월 20일, 21일**

설문조사를 실시하여 소공원으로의 조성에 대한 필요성을 찾고자 하였다. 소공원 조성의 필요성 여부에 대한 직접적인 질문보다는 주민들이 느끼는 지역 외부 공간에 대한 문제점과 요구 사항들

속에서 간접적으로 소공원화의 필요성을 찾고자 하였으며 이것이
주민들을 설득하는 데 있어 더욱 효과적이라 여겼다. 그리고 설문
조사를 통해 추후 대상지에 설치될 시설물의 종류를 찾아낼 수 있
을 것이라고 보았다. 피조사자는 남자 18명, 여자 32명이었다.

〈표 4-1〉 원서동 외부 환경 만족에 대한 설문조사 결과

단위:(%)

문항	매우 그렇다	그렇다	보통이다	그렇지 않다	전혀 그렇지 않다
나무가 부족하다	8	14	20	34	24
동네가 지저분하다	6	22	44	22	6
휴게공간이 부족	16	44	32	6	2
담소 공간이 필요	44	38	16	2	0

〈표 4-2〉 원서동 목적별 외부 공간 이용 빈도에 대한 설문조사 결과

단위:(%)

문항	전혀 없다	한 달에 한 번	한 달에 3, 4번	일주일에 2번 이상
길에서 이웃들과 담소를 나눈다	38	16	18	28
길가에서 쉰다	56	18	4	22

　　설문조사 결과에서 주민들은 대상지를 비롯한 마을이 지저분하
다고 여기고 있었고 작은 휴식공간이나 담소 공간이 부족하다고
인식하고 있었다. 통장과 도시연대는 설문조사 결과를 주민들에게
알렸고 또한, 설문조사를 통해 나타난 문제점의 대안으로 소공원
조성이 필요함을 제시하였다.

■ 사진조사를 통한 주민들의 관심 촉발: 2002년 9월 24일, 30일

대상지 주변에 살고 있는 재동초등학교 어린이 15명에게 1회용 카메라를 나누어 주고 마을에서 좋은 곳과 나쁜 곳, 주로 노는 장소, 사람들이 주로 모이는 장소, 지저분한 장소, 놀이공간으로 정비가 필요한 장소, 위험한 장소 등 마을에 대한 사진과 대상지에 대한 사진을 찍도록 하였다. 그리고 일주일 후 가회동 수녀원에서 대형 지도에 사진을 붙이고 의견을 쓰도록 하였다. 어린이들은 대상지가 지저분하므로 유아놀이터로 만들었으면 좋겠다는 의견을 제시했다.

〈사진 4-5〉 원서동 어린이들의 우리 동네 지도 그리기와 사진 조사 결과

■ 설계안 작성: 2002년 10월 1일 - 10월 15일

대상지가 지저분하고 마을 내 휴식공간과 담소공간이 부족하다는 주민들의 의견에 근간해 설계안을 작성하였다. 대안 1에서는 화단으로 앞쪽을 일부 막아 시각적 차단효과를 주고자 하였고, 대

안 2에서는 앞쪽 부분을 열어두어 개방감을 주도록 하였다.

대상지 내 방범초소 건물은 주민들의 모금으로 지었다는 것에 주민들이 자부심을 느끼고 있어 부분적으로 철거하고 남겨진 부분에는 주민들이 자유롭게 그림을 그려 재활용하는 방안을 모색하였다. 옆 건물과의 인접 벽에는 덩굴 식물을 심어 벽을 가릴 수 있도록 하였다.

〈그림 4-2〉 원서동 설계 대안 1   〈그림 4-3〉 원서동 설계 대안 2

■ **설계안의 내용 전달과 주민들의 의견 청취: 2002년 10월 15
   일-10월 20일**

설계가들이 제시하는 도면에 익숙하지 않은 주민들이 쉽게 이해할 수 있도록 평면도, 입면도 외에 현황 사진에다 변화된 모습을 합성한 이미지를 작성하였다. 이 같은 내용으로 구성된 설명 안내판을 통장에게 전달하고 통장을 통해 주민들의 의견을 청취하였다.

주민들의 의견 중 주요한 것은 서울시의 북촌지역 사업과 관련하여 2-3년 뒤 인접 건물이 매입될 수 있으므로 최소한의 비용이어야 한다는 것이었다. 또한 노인들을 위한 휴식공간의 필요, 마을버스 정류장이 가까우므로 마을버스 정류장으로서의 역할 부여 등이었다. 대상지가 작고 설계 내용이 간단하여 주민들이 설계 내용을 이해하는 데 어려움은 없었으나 남겨지는 벽체 모양이나 벽화 그림을 확정적인 것으로 이해해 추후 변경될 수 있다고 알렸다. 이외 주민들의 의견은 다음과 같다.

"설계안의 내용대로 가면 비용이 얼마나 드는지, 벽화는 이왕이면 원서동이라는 이미지와 맞출 필요가 있다. 나무가 심겨질 경우 잘 자랄 수 있는 것인지? 모래함이 필요할 텐데 어떻게 처리할 것인지? 분위기가 밝았으면 한다."

■ 설계안 수정: 2002년 10월 25일 – 10월 30일

주민들의 의견에 따라 시각적으로 개방되는 대안 2을 수용하여 버스 정류장으로 사용하기에 용이하도록 하였다. 방범초소 건물을 재활용하려 했으나 구조적으로 위험이 있다는 판단에 기존 건물은 모두 허물기로 하고 노출되는 벽에는 나무 펜스를 쳐서 시각적으로 차단하도록 하였다. 바닥과 화단은 모두 적벽돌을 사용하여 인접 건물 외벽과 통일감을 갖도록 하였고 의자와 펜스는 나무로 만들어 주변에 이질적이지 않도록 하였다.

〈그림 4-4〉 원서동 최종 설계안의 평면

〈그림 4-5〉 원서동 최종 설계안의 입면

- 시공 및 마을 잔치: 2002년 11월 11일 - 11월 14일

시공을 앞두고 도시연대는 가회동 동장을 만나 시유지인 대상지에 소공원 조성이 가능한지를 타진하였다. 동장은 서울시 북촌 가꾸기 사업에서 주민과 가장 밀접한 행정기관인 주민자치센터의 역할을 적극적으로 모색하고 있던 터라 적극적으로 도와주었다. 이에

시유지 사용과 관련된 행정적인 처리를 간소화할 수 있었다.

최종 설계안을 입구에 걸어 두고 11월 10일부터 총 5일 동안 공사를 진행하였다. 공사로 인한 불편에 대해 양해를 구하고 주민들의 관심을 촉구하여 앞으로의 관리 방안에 대한 주민 참여를 독려하기 위해 공사 첫날에는 통장의 주도로 떡과 술을 주민들에게 돌렸고 공사 마지막 날은 완공 기념자리를 만들었다. 완공 기념자리에는 가회동 동장, 새마을회 회장, 노인정 회장, 통장, 가회동 통장모임 회장 등 지역 인사와 대상지 주변 한옥에 공방을 갖고 있는 문화인들―윤병훈 장인(오죽공방), 권무석 궁장(활), 고완기(전 서울시 문화과 재직)―과 일반 주민들이 모였고 주민들이 모인 자리에서 공원의 이름과 추후 관리에 대한 논의를 진행하였다.

공원 이름은 '빨래 골 쉼터'가 가장 우세하였다. 추후 관리에 대해서는 차량의 점유가 걱정되므로 이동식 원형 화분을 놓아 차량의 진입을 막자는 의견, 돌과 같은 간이 이동식 볼라드를 설치하여 벤치겸용으로 사용하자는 의견 등이 있었다. 가회동 동사무소 동장은 즉석에서 원형 화분 기증을 약속했고 가로등 설치를 약속했다. 이 외에도 이후 공간의 변형 시 설계자와 상의할 것과 청소, 쓰레기 처리 등의 문제는 주민들이 스스로 해결할 것을 약속했고, 상업적인 이용이 불가함을 알리는 안내문을 설치하자는 제안이 있었다.

공사 개시 - 공사 시작 날 주민들의 음식 돌리기 - 공사 마지막 날 공원 관리에 대한 주민들 간의 협의 장면

〈사진 4-6〉 원서동 공사 진행 과정

■ 공원 이름과 관리방안 의견 수렴을 위한 상호작용적 전시
(interactive display): 2002년 11월 14일 - 21일

공사 후 일주일간 공원 이름 공모와 봄에 심을 꽃을 선정하기 위한 의견 수렴용 안내판을 설치하였다. 주민들은 공원 이름에 대해서는 '빨래 골 쉼터, 한 평 반 쉼터, 빨래터의 편안한 쉼터, 연인 쉼터, 버스 정류장 쉼터, 화목 쉼터, 자연으로 되살아나는 쉼터, 원서동 쉼터, 푸르른 쉼터, 작은 공원' 같은 의견들을 기재하였고 봄에 심었으면 하는 꽃에 대해서는 '해바라기, 진달래, 백합, 목련, 작은 소나무, 진달래나 회양목 하세요! 제일 보기 좋음, 내일 지구가 멸망하더라도 한 그루 사과나무를 심겠다, 아카시아, 무궁화, 개나리, 장미' 같은 의견을 기재하였다.

공원 이름 및 봄에 심을 꽃 종류에 대한 의견 수렴

〈사진 4-7〉 원서동 의견 수렴용 안내판

3) 종합 및 평가

(1) 종합

전체 과정을 제3장에서 제시한 모식도에 따라 다음과 같이 종합
할 수 있다. 원서동 사례에서는 '의사소통 환경 조성'까지 갱신해
야 할 정도의 사건이 발생되지는 않았다. 그리고 '대상지 소공원화
에 대한 부정적 소수 발견'이나 '1차 설계안에 대한 이견 발견/공
사비 산정 제시의 필요성 발견' 등은 예측 가능한 것들로 과정 설
정에서 미리 고려되었어야 할 부분이었다.

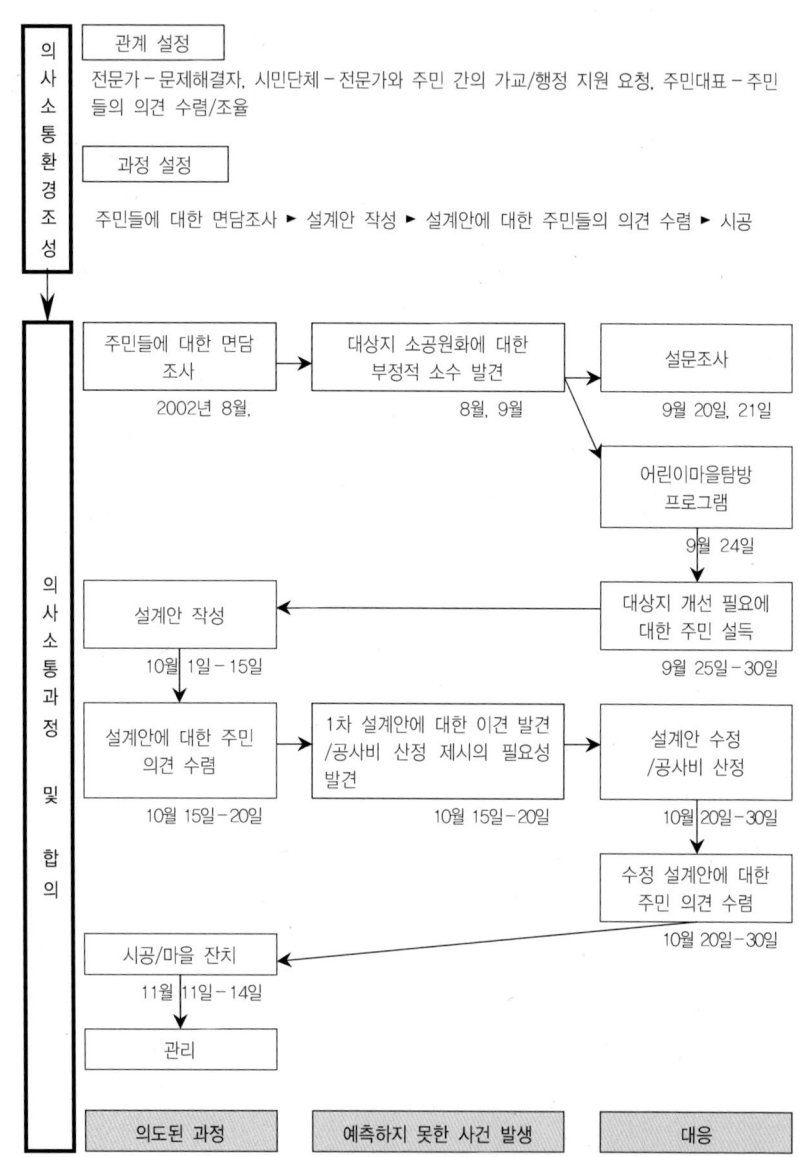

의
사
소
통
환
경
조
성

관계 설정

전문가 – 문제해결자, 시민단체 – 전문가와 주민 간의 가교/행정 지원 요청, 주민대표 – 주민
들의 의견 수렴/조율

과정 설정

주민들에 대한 면담조사 ► 설계안 작성 ► 설계안에 대한 주민들의 의견 수렴 ► 시공

의
사
소
통
과
정
및
합
의

| 주민들에 대한 면담 조사 | 대상지 소공원화에 대한 부정적 소수 발견 | 설문조사 |

2002년 8월,　　　　8월, 9월　　　　9월 20일, 21일

어린이마을탐방
프로그램

9월 24일

설계안 작성

10월 1일 – 15일

대상지 개선 필요에
대한 주민 설득

9월 25일 – 30일

설계안에 대한 주민
의견 수렴

10월 15일 – 20일

1차 설계안에 대한 이견 발견
/공사비 산정 제시의 필요성
발견

10월 15일 – 20일

설계안 수정
/공사비 산정

10월 20일 – 30일

수정 설계안에 대한
주민 의견 수렴

10월 20일 – 30일

시공/마을 잔치

11월 11일 – 14일

관리

의도된 과정　　　　예측하지 못한 사건 발생　　　　대응

〈그림 4-6〉 원서동 사례의 진행과정 종합

(2) 평가

■ 파트너십은 균형적으로 이루어졌는가

원서동 사례에서는 적극적인 중심 집단을 형성하지 못하고 지역 리더와의 협력 속에서 전체 과정을 진행하였다. 의견 수렴 및 조율 대상 주민들의 범위를 정하는 데 있어 연구자와 도시연대는 통장 관할 지역 내 주민들뿐만 아니라 가능한 한 많은 주민들과 만날 것을 통장에게 요구하였다. 그러나 결과적으로는 통장의 인적 관계망에 의존할 수밖에 없었다. 대상지 주변은 오래된 한옥지구와 다세대지구로 나뉘는데, 한옥지구에서 오래 산 통장은 한옥 거주자들과 이 지역에서의 거주기간이 긴 노인정의 노인들을 주로 만났다. 반면 다세대주택의 주민들과 젊은 세대들의 참여는 이끌어 내지 못하였다. 통장 개인에 의해 의견이 걸러지는 한계도 있었다.

일례로 대상지 맞은편에 위치한 슈퍼마켓 여주인은 다시 쓰레기 적치장이 될 것을 염려하여 처음부터 부정적 반응을 보였었다. 그런데 통장은 이 여주인을 설득시키기보다는 공론장에서 제외시켜 버렸다. 이로 인해 나타난 것이 마을버스 주차장 변경에 대한 반대였다. 주민들은 현재 슈퍼마켓 앞으로 되어 있는 주차장을 대상지 앞으로 변경하여 대상지의 이용을 높이고자 하였으나 슈퍼마켓 주인은 반대하였다.

행정 관계에 있어서는 동장이 적극적인 지원을 하였다. 동장 개인의 특성도 작용했지만 사회적 동기 부여가 있었던 것으로 보인다. 서울시 북촌 가꾸기 사업에 대한 사회적 관심이 높고 본 사례를 통해 행정기관인 동사무소(주민자치센터)의 새로운 역할을 시도해 볼 수 있을 것이라는 동기 부여가 있었던 것이다. 시민단체는 촉진자 및 중재자의 역할을 하였고 전문가는 문제해결자로 남았다. 그런데 시민단체의 인식과 경험 부족으로 설계안에 대한 구체적 대화를 이끌어 내는 데 한계가 있었다.

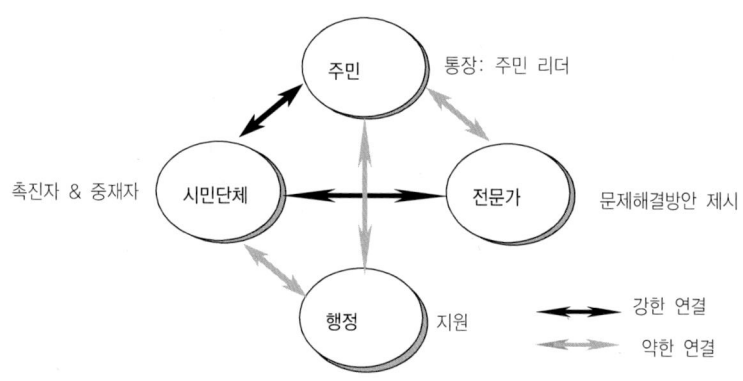

〈그림 4-7〉 원서동 사례의 의사소통자 구성과 역할

■ 성찰적, 심의적 과정이었는가

다음의 표와 같이 본 사례 연구에서는 각각의 타당성에 대한 문제제기와 의견 대립이 많이 일지 않았다. 시민단체와 전문가의 상호작용 활성화에 대한 노력이 부족했던 것이 이유이기도 하지만 주민 리더에 대한 주민들의 두터운 신망과 대상지 경관이 매우 불량했던 것도 있다. 2004년 5월 주민들과의 면담에서도 드러났다.

"통장이 여기 한옥 사는 사람들한테는 공원으로 만들어도 되냐고 다 물어봤지. 통장이 열심히 해. 며칠 전에는 어디서 나무도 구해 와서 나랑 같이 심었어. (중략) 반대하는 사람 없었지. 쓰레기 쌓인 것보다는 그래도 좋으니까(75세 할머니. 원서동 토박이라고 하심)."

그러나 앞서 살펴보았듯이 통장은 슈퍼마켓 여주인의 타당성 주장 제기에 대응하기보다는 무시함으로써 주민들의 버스 정류장 변경에 대한 요구가 거절되는 결과를 낳았고 관리에 대한 갈등으로도 이어졌다. 2004년 5월 면담에서, 주로 대상지를 관리하는 노인정의 노인들은 대상지와 집이 멀어 화단에 물을 주어야 할 경우 슈퍼마켓 주인에게 도움을 청하게 되는데 매번 거절당하고 있다는 불만을 토로했다. 반면 슈퍼마켓 주인은 대상지가 공원으로 바뀌어 청소도 해야 하고 물도 주어야 하는 등 결과적으로 자신만 귀찮아졌는데도, 통장이나 동장은 2002년 당시 자신의 의견에 귀 기울이지 않았었다고 불만스러워했다.

〈표 4-3〉 원서동 타당성 요구에 따른 성찰과 심의의 계기와 대응들

구분		내용
이해가능성 (comprehensibility)	이것이 무엇을 의미하는가?	① 1차 설계안에서 모래함은 어디에 설치되는가? ⇒전문가: 벤치 아래 설치할 것이다.
진리성 (sincerity)	발언을 구성하는 명제들의 내용을 믿을 수 있는가?	② 적은 금액 내에서 그림의 내용대로 시공이 가능한가? ⇒전문가: 예상 공사비를 산정해 보니 가능하다.
정당성 (legitimacy)	발언은 규범적 맥락 속에서 정당한가?	③ (토심이 얕은데) 나무는 잘 자랄 수 있는가? ⇒전문가: 작은 나무를 심으면 된다.
		④ 주민: 대상지를 소공원화하는 것이 필요한가? ⇒전문가: 설문조사를 실시하여 소공원화에 대한 정당성 제시 ⇒일부 주민: 그래도 타당성을 납득하지 못하겠다. ⇒주민 리더: 더 이상 대응하지 않음
		⑤ 주민들, 시민단체, 전문가: 마을버스 정류장을 공원 앞으로 변경하자? ⇒슈퍼마켓 주인: 그럴 수 없다.

구분		내용
진실성 (truth)	말하는 이의 주관적 표현이 진실한가?	⑥ 벽화 내용이 지역의 특색과 맞는가? ⇒수정된 설계안에서 벽화는 생략됨으로써 표현의 진실성에 대해서는 답할 필요가 없게 됨

주: 음영이 들어간 곳은 타당성 요구와 주장이 무시되는 등 서로에게 근거 있게 받아들여지지 않은 경우라 할 수 있다.

■ 상호작용 활성화에 대한 노력은 적합하였는가

앞에서 살펴보았듯이 원서동 사례에서는 주로 리더의 대면 접촉을 통하여 상호작용이 이루어졌다. 설계안에 대한 평가도 통장의 대면 접촉에 맡길 수밖에 없었는데 비전문가인 통장은 자신이 이해한 만큼만 전달할 수밖에 없었고 이에 따라 설계안에 대한 상호작용이 적극적으로 이루어지지 못했다. 시공 마지막 날에 가졌던 주민잔치에서 주민들이 공원의 이름을 직접 짓도록 하고, 주민의 붓글씨를 그대로 현판으로 사용한 것은 주민들을 관리에 참여시키고 주인 의식을 높이고자 한 것이었다.

〈표 4-4〉 원서동 주민 참여 기법을 통해 본 상호작용 활성화에 대한 노력의 적합성

구분	내용
주민에게 정보를 전달하는 방법	• 주민 리더를 통해 구술로 전달 • 시공에 대한 안내문 부착
주민에게서 정보를 얻는 방법	• 설문조사 • 면담조사 • 주민 리더를 통해 구술로 전달 • 상호작용적 전시
프로젝트 실행에 주민 참여시키기	• 디자인 평가 • 시공 시 관리방안에 대한 토론: 공원 이름 짓기 (2003년)• 주민이 공원 현판에 쓰일 붓글씨 작성

■ 어떠한 효과를 지니는가

대상지는 2002년 11월에 공사가 이루어져 다른 연구 사례에 비해 시공 후 주민들의 반응을 보다 오랫동안 볼 수 있었다. 2002년 시공이 이루어진 후 벤치를 바닥에 고정시킬 수 있는 장치물을 달기 위해 벤치를 잠시 다른 곳으로 옮겼을 때 도시연대 사무실과 통장 집으로 의자 분실을 신고하는 전화가 있었다. 그리고 2002년 12월 말경 나무 펜스가 부분적으로 훼손되자, 주민들 스스로 재보수하는 열성을 보였다. 2003년 봄에는 동사무소에서 나무를 심었고 현판식을 가졌는데 현판식의 전 과정은 2003년 4월 27일 조선일보에 보도되었다. 그리고 도시연대의 주선으로 주변 어린이들이 직접 꽃씨를 심었다.

2004년에는 통장과 노인정의 노인들이 나무를 심고 물을 주는 등 관리를 하고 있었다. 2004년 5월 면담조사에 응해 준 노인정 할아버지들은 대상지를 자신들이 관리해야 할 곳으로 여기고 계셨고 동사무소에 관리를 맡길 수도 있지 않느냐는 질문에 자신들의 동네이고 자신들이 만들자고 했던 곳이므로 스스로 관리하는 것이 옳다고 하셨다.

대상지는 시공 후의 3번의 TV방송과 2번의 신문 보도는 주민들의 관심을 촉구하고 책임감을 주어 적극적인 관리를 이끌어 내는 계기가 되었다. 매체의 보도는 이들의 성과에 대한 치하가 된 셈인데 진행과정과 함께 시공 후에도 지속적인 관심 형성의 필요성과 주민들에게 성과를 돌려 주는 것이 필요함을 알 수 있다.

원서동은 벤치와 화단, 가림벽 등 최소한의 시설물로 이루어졌고 공간도 협소하여 대상지에서 장시간 휴식을 취하는 경우는 없으나 마을버스를 기다리는 사람들이나 주변 직장인들이 잠깐씩 머무르는 공간으로 사용되고 있다. 주민들은 화단을 가장 선호했는데 일년초를 심어 관리의 어려움은 있지만 씨를 뿌린 후 싹이 나고 꽃이 피는 과정을 흥미로워했다. 2004년 5월 면담에 응해 주신 65세의 한 아주머니는 대상지 가까이 살고 있지 않아 조성과정에는 전혀 참여하지 않았으나 꽃이 좋아서 지날 때마다 눈여겨보신다고 하셨다.

〈사진 4-8〉 원서동 2003년 4월 현판식   〈사진 4-9〉 원서동 어린이들의 꽃씨 심기

(3) 2009년 현재

원서동 한평공원은 2002년 최초의 한평공원으로 많은 관심을 받았다. 하지만 최초인 만큼 시행착오도 많이 발생했고, 결국 2008년 도시연대의 주도로 재조성했다. 도시연대(2008)의 보고서에서는 몇 개의 문제를 지적하고 재조성한 이유를 설명하고 있다. 먼저 시공의 질이 낮았다는 것이다. 그럼에도 주민들은 매년 화분에 꽃을 심고 청소를 하면서 애정을 갖고 관리를 했다. 그러나 시공의 질이 떨어져 시설물은 노후화되었고 다시 동네의 흉물이 되었다. 또

주민들의 관심과 참여가 오히려 예기치 못한 상황을 만들어 내기도 했다. 주민과 동사무소에서 들여놓은 화분에 주민들은 해마다 꽃을 심기도 했지만 그 양이 많아서 꽃이 지는 가을철이면 마치 버려 둔 화분을 모아 둔 장소처럼 비쳐졌다. 한평공원 조성 이듬해에 한 주민이 이곳을 가꾸는 차원에서 심은 아카시아 종류의 나무는 오래된 한옥의 부실한 담장까지 뿌리가 뻗기 시작해서 위험이 발생할 가능성까지 보였다. 이에 2008년 재정비를 할 수밖에 없었다고 이 보고서는 밝히고 있다.

주민들의 요구를 들어 재정비를 했는데, 2002년 당시 주도적인 역할을 했던 노인회장 및 통장, 반장이 다시 참여를 했다. 재정비의 내용을 보면, 기존의 화단과 벤치의 구성이 바뀌었고 이웃 담장에 바로 연접한 화단을 철거하여 담장과 구분하고 안쪽에 놓인 벤치를 바깥으로 확대하여 좁은 공원의 개방감을 넓혔다. 또 벤치의 위치를 옮겨 10미터 정도 떨어진 마을버스 정거장이 잘 보이도록 했다. 또 식재에 있어서는 나무의 뿌리가 이웃 담장에 영향을 주지 않도록 대나무를 심었다.

〈사진 4-10〉 재조성된 현재의 모습

3. 옥수동 한평공원 만들기

1) 대상지의 개요

옥수동 공터는 건물들 사이의 자투리땅으로 면적이 좁고 뒤편 암벽으로 주택이 들어서기 어려워 남겨진 땅이다. 2000년 구청에서 녹화사업을 하였으나 일부 주민이 나무를 걷어내고 호박 등을 심어 개인 텃밭으로 사용하다 2002년에는 방치되었다. 이에 2002년에는 잡풀이 무성하고 고양이들이 집단으로 서식하고 주변에 쓰레기가 적치되었다. 공터와 30미터 정도 떨어져 있는 계단 공간은 유일하게 차량 진입이 없는 외부 공간으로 주민들이 화분을 놓거나 담소를 나누는 등 차량이 급증하기 전 주택가 골목길의 풍경을 발견할 수 있는 곳이다.

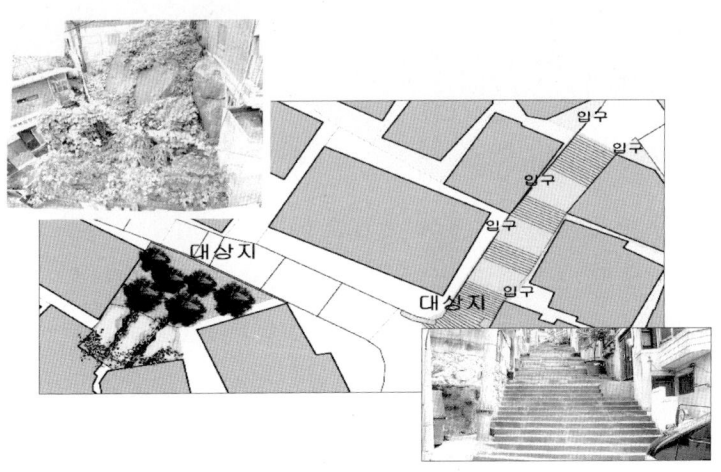

〈사진 4-11〉 옥수동 대상지의 위치 및 현황

대상지가 위치한 옥수동은 서민들의 주거지로 6 · 25 전후 소위 '달동네'로 통칭되는 불법거주지로 형성되기 시작하였다. 1970년대 후반 AID차관 재개발로 토지 불하가 이루어지고 건물들이 재건축, 신축되면서 현재의 모습을 갖추게 되었다. 경사지에 자연적으로 형성된 지역인 만큼 급경사의 도로와 계단이 특징적 경관을 만들어 낸다. 주택은 2층의 다세대 건축물로 경사를 이용한 지하층과 옥탑방으로 한 건물에 4, 5세대가 거주한다. 마을 내 가로 이외 공공공간이 거의 없고 수목 가꾸기에 대한 주민들의 열망은 매우 높으나 식재 가능 공간은 부족하였다. 기존 환경을 유지하는 한에서 재개발이 이루어지는 현지 개량 형식의 재개발로 초기 이주민들이 현재까지 살고 있는 경우가 많고 이들 간 인적 네트워크가 강하게 형성되어 있다.

2) 전개 과정

(1) 문제제기

연구자는 2002년 소공원을 위한 자투리 공간을 탐색하던 중 두 대상지를 발견하였다. 옥수동 공터는 고양이 서식과 쓰레기 적치로 주민들 스스로가 개선의 필요성을 절감하고 있었고 계단은 골목길 문화의 활성화를 위해 연구자가 제안하였다. 계단 상부는 차량 주차가 불가능하여 추운 겨울이나 비 오는 날을 제외하고는 항상 여가 공간으로 이용되고 있으며, 일어나는 행태는 담소, 음식 먹기, 뜨개질 등이었다. 이로 인한 소음, 프라이버시 침해 등으로 주민들

간 갈등이 있을 법도 하지만 이제까지 크게 문제시된 적은 없었다고 한다.

(2) 초기의 의사소통 환경 조성

■ 의사소통자 구성 및 관계 설정

앞서 언급하였듯이 주민들 간의 네트워크가 견고한데, 계(係)조직은 이에 대한 예가 될 수 있다. 직업, 거주위치, 출신 고향별로 계조직이 활성화되어 있고 대상지가 위치한 541번지 일대에도 집주인들 간에 '우정회'라는 계조직이 형성되어 있다. 창립된 지 11년이 되고 18가구로 이루어져 있으며 매달 부부 동반의 정기적 모임을 갖고 있다. 정기 모임에서는 주거 환경의 문제점이나 개선방안들이 간혹 이야기되고는 있으나 실천으로 옮겨지는 경우는 거의 없다고 한다. 한때 각각의 주택 담에 벽화를 그려 독특한 마을 경관을 만들자는 의견도 있었으나 주도적으로 나서는 사람이 없어 실천되지는 못했다고 한다. 다만 주차 문제, 쓰레기 수거 등의 문제가 정기적 모임 속에서 이야기되고 있어 주민 간의 마찰을 예방한다고 한다.

이제까지 실천은 거의 없었으나 동네 환경 개선에 대한 관심들과 논의들이 이 모임 내에서 이루어지고 있는 만큼 이들을 중심 집단으로 설정할 수 있는 가능성이 있었다. 구성원들의 거주 기간은 평균 10년 이상으로 매우 길며 40대 이상의 장년층으로 구성되어 있다. 구성원들 중 몇몇 남자 회원들은 지역 내에서 가내 수공업을 하거나 슈퍼마켓, 부동산을 운영하는 등 직업상 일과의 대부분을 지역 내에서 보내고 있어 지역 문제에 민감하였다. 면담조사 결과 선정된 두 개의 대상지 변경에 대해서도 우호적인 반응을 보였다. 다만, 구성원들이 집주인들로 한정되어 있는 것이 문제라 할 수 있다.

■ 상황 파악 및 문제 규정

주민들은 협소하나마 주택 내, 외부의 담벼락 공간, 대문 위의 공간, 옥상 등을 적극적으로 활용하여 수목을 가꾸고 있었다. 그러나 마을 내 도로를 제외한 공공공간은 거의 없고 그나마 도로는 주차 차량들이 점령하고 있었다. 도보로 10분 정도 걸리는 거리 내에 공원이 있으나 야산에 조성되어 있어 접근성이 떨어진다.

두 대상지를 제대로 활용한다면 녹화에 대한 주민들의 욕구와 공공공간 부족을 해소시켜 줄 수 있을 것으로 여겨졌다. 공터의 경우 텃밭으로의 활용도 생각해 볼 수 있겠으나 우정회원들은 이전 텃밭으로 사용했던 할머니가 공터를 제대로 관리하지 않았던 사례를 들어 반대하였고 공공적 이용을 주장하였다.

■ 과정 설정

중심 집단의 구성원들은 두 대상지의 개선에 대해서 우호적이었으나 중심 집단 이외 사람들의 의견도 중요하다고 주장하였다. 이에 먼저 대상지 개선의 필요성과 방향에 대한 설문조사부터 시작하기로 하였다. 2002년 본 사례를 시작할 때는 2003년 예산 확보가 불투명하여 설계안 제시를 과정의 마지막 절차로 보았다. 전체 과정은 다음과 같다.

설문조사⇒대상지 개선 방향 설정에 관한 주민회의⇒관심 형성
과 마을의 특성을 파악하기 위한 '어린이들의 우리 마을 그리기'
프로그램⇒설계안 작성⇒설계안에 대한 주민 회의⇒설계안 확정
(⇒시공)

(3) 의사소통의 전개

■ 설문조사: 2002년 5월

남자 14명 여자 25명에 대해서 설문조사를 실시하였다. 설문조
사의 내용은 '주민들의 외부 공간에 대한 활용 정도와 만족도',
'대상지 조성 방안에 대한 의견' 두 가지였다. 주차 외 외부 공간
활용은 전혀 없었다. 그리고 공터에 대해서는 휴식공간으로, 계단
공간에 대해서는 녹지공간으로의 조성이 가장 높은 비율을 차지하
였다.

〈표 4-5〉 옥수동 외부 환경 만족에 대한 설문조사 결과

문항	매우 그렇다	그렇다	보통이다	그렇지 않다	전혀 그렇지 않다
주차 공간이 부족하다(%)	47	43	0	0	0
마을이 청결하다(%)	0	0	23	47	30

〈표 4-6〉 옥수동 이웃과 담소를 나누는 장소

문항	집 내부	마당, 베란다	길 위	기타	왕래가 없다
이웃과 담소를 나누는 장소	44	9	42	5	0

〈표 4-7〉 옥수동 목적별 외부 공간 이용 빈도에 대한 설문조사 결과

문항	전혀 없다	한 달에 한 번	한 달에 3, 4번	일주일에 2번 이상
길에서 이웃들과 담소를 나눈다.	31	52	11	6
길에서 휴식을 취한다.	25	40	20	15
길에서 운동을 한다.	77	13	5	5

〈표 4-8〉 옥수동 대상지 개선 방향에 대한 설문조사

공터에 대한 의견 (%)	나무를 심고 벤치 두기	벤치 없이 나무만	계절 화초 심기	텃밭	기타
	79	5	5	8	3
계단 공간에 대한 의견 (%)	그림을 그린다.	중앙이나 한쪽에 나무 심기	계단을 변형하여 평상 놓기	그냥 둔다	기타
	38	46	8	3	5

그 외 마을을 쾌적하게 하는 방안에 대해서는 다음과 같은 의견들을 주었다.

"재활용 분리수거함이 배치되어 있으면 좋을 것 같다. 빈터에 벤치나 의자를 만들어 쉴 수 있는 공간으로 활용했으면 좋겠다. 나무를 많이 심어 좀 더 푸름이 짙었으면 한다. 무엇보다 중요한 것은 동네 길거리에 너저분하게 버려진 쓰레기가 문제다. 어떻게 할 수가 없다. 항상 깨끗하게 이용한다. 자기 집 앞 청소를 잘해야 지요."

■ '어린이들의 우리 마을 지도 그리기' 프로그램: 7월 15일

1시간 20분에 걸쳐 주변 사설학원에서 초등학교 2, 3, 4, 5학년생 16명을 대상으로 마을에 대한 그림 그리기를 실시하였다. 먼저 어린이들에게 마을지도, 마을의 옛날 사진, 서울 전체 지도상에서

대상지의 위치가 표시된 지도 등으로 구성된 패널 두 장을 설명하여 그림 그리기의 의도가 전달되도록 한 후, 두 조로 나누어 '우리 동네 지도 그리기'를 진행하였다.

　그림 그리기가 끝난 후에는 자신들의 그림에 대한 설명이 있었다. 어린이들은 마을이 지저분하다고 보았고 놀이공간이 별도로 없어 골목에서 놀 수밖에 없다고 발표했다. 이로 인한 사고의 경험도 표현했다.

〈사진 4-12〉 옥수동 '어린이들의 우리 마을 지도 그리기' 프로그램 진행 과정

〈그림 4-8〉 옥수동 '어린이들의 우리 마을 지도 그리기' 결과 중의 하나

■ 대상지 개선 방향 설정에 관한 주민회의: 7월 27일

오후 6시 30분 대상지이기도 한 계단에서 수박과 떡 등의 다과가 있는 편안한 분위기 속에서 회의가 진행되었다. 회원들이 함께했던 여행 이야기 등 일상생활과 관련된 대화들과 함께 의견들이 교환되었다. 진행은 회의 필요성 및 내용을 잘 알고 있는 한 주민이 진행하였다.

회의 안건은 '① 서울시의 2003년 녹화재료지원사업[64]과 관련하여 2003년 각 가정과 마을 자투리땅들에 식재할 수목 선정 ② 우리 동네 옥외 공간의 문제점 ③ 두 곳의 자투리 공간 가꾸기 ④ 동네 이름' 네 가지였다. 마을 이름은 '우정회'라는 계모임의 이름을 따라 '우정 마을'로 정하였다. 회의 결과 중 대상지 개선과 관련된 내용만 정리하면 다음과 같다.

"작은 쉼터 공간으로 조성하되 대상지 바로 옆 주택에 사는 주민은 큰 정자 설치 시 창문이 가려지지 않겠는가? 계단 공간은 지나가는 사람들이 잠깐 앉아서 쉴 수 있는 공간으로 만들었으면 좋겠다. 계단들로 인한 높이 차를 어떻게 극복할 수 있을까?"

〈사진 4-13〉 옥수동 회의 진행 모습

■ 1차 설계안 작성: 8월

옥수동의 공터는 노출되어 있는 암반을 경관 요소로 살려 주고 머물 수 있는 장소로 설계하였다. 그리고 길과 대상지와의 높이차를 극복하기 위해 계단형 스탠드를 설치하였다. 계단은 단조로움을 탈피하기 위해서 벽화를 그리고 조그마한 화단을 계획하여 계단을 오르는 이에게 시각적 즐거움을 주도록 했다.

〈사진 4-14〉 옥수동 1차 설계안

■ **설계안에 대한 주민 워크숍: 8월 31일**

바쁜 주민들을 별도로 한자리에 모이게 하기가 힘들어 '우정회'의 계모임 날 회의를 개최하였다. 자연스러운 분위기 속에서 설계안을 설명하고 이에 대한 의견을 들었다. 전문가와 주민이 의견 차를 나타낸 것은 정자 설치인데 대상지는 주변 건물로 한여름에도 해가 비치지 않으므로 필요 없다고 하여도 주민들은 정자 없는 공원은 있을 수 없다는 주장을 폈다. 다음은 구체적 의견이다.

〈표 4-9〉 옥수동 설계안에 대한 주민 워크숍 결과

공터	계단 공간
• 그늘을 만들어 줄 수 있는 정자 같은 시설이 있었으면 좋겠다. • 실용성 있는 공간이 되기 위해서는 전부를 포장 공간으로 했으면 좋겠다. • 여름에 수박이라도 먹을 수 있으려면 포장 공간이 더 많아야 한다. • 주변 주택의 사람들이 시끄럽지 않고 시각적인 방해가 없었으면 좋겠다. • 이 상태로 두어 봤자 지저분하므로 실현이 되었으면 좋겠다. • 공원하기에는 공간이 너무 협소하지 않은가?	• 인접 주택들의 소유주만 찬성한다면 현재의 설계안에 동의한다. • 잠깐 앉았다 쉬어 갈 수 있는 공간이 있었으면 좋겠다.

〈사진 4-15〉 옥수동 설계안에 대한 주민 워크숍

■ **2차 설계안 작성: 9월**

옥수동 공터의 경우 주민들은 함께 모일 수 있는 넓은 공간을 원하므로 스탠드형 계단을 입구부에 집중시키고 암반 부근 녹지대는 토사가 흘러내리지 않는 정도로만 최소화하여 이용면적을 넓혔다. 비록 주민들은 정자를 원하였으나 건물로 그늘이 지고 대상지의 규모가 크지 않아 별도의 그늘을 위한 시설물은 설치하지 않았다. 최소한의 시설물을 설치하되, 마을의 성격을 부여하는 시계탑 같은 적은 면적을 차지하는 시설물을 배치하도록 하였다.

계단 공간은 주택 진입을 위한 계단참을 원형으로 넓혀 벤치나 화분을 놓을 수 있도록 했고, 인접 벽을 따라서는 인접 주택 외장과 같은 적벽돌로 식재대를 만들고, 바닥은 도로와 색이 유사한 석재타일을 사용하였다. 입구부분 작은 삼각형 공간에는 시계탑이나 헌옷수거함을 설치하여 기능을 부여하였다.

<사진 4-16> 옥수동 2차 설계안

■ 신문 및 TV보도에 따른 행정의 개입과 파트너십 거절:
2003년 3, 4월

2003년 3월 25일 한국일보에 본 사례가 소개되면서 성동구청이 개입하게 되었다. 성동구청 주민자치과에서는 시공을 위한 예산을 확보하여 옥수1동 동사무소에 예산 활용을 위임하였고, 본 연구자는 3월 말 동사무소 직원과 이와 관련하여 3차례의 면담을 가졌다. 동사무소에서는 옥수동 공터는 공사비가 많이 들므로, 계단 공간은 2002년 계단 중앙에 난간을 설치하려는 시도가 주민들의 민원으로 중단된 사실을 빌려 두 대상지의 시공을 꺼렸다. 이에 공터에 대해서는 동사무소에서 제시하는 500만 원 내에서 시공이 가능하다는 것을 제시하고 계단 공간의 경우도 주민 참여 과정을 통해 동의를 구해 낼 수 있다고 알렸다.

그러나 동사무소 직원들은 절차상의 번거로움과 행정 고유의 업무를 방해한다고 여겨 두 곳 대상지에 대한 시공을 거부하였다. 대신 옥수1동 동사무소 관할 지역 내 다른 두 곳을 시공하였다. 하지만 공터의 공원화 제기가 쓰레기 적치로 인한 것이라고 여겨

정기적인 청소를 시작하였고 수목을 식재하였다.

■ **개인의 대상지 매입: 4월**

공터 공원화에 대한 소문이 돌기 시작하면서 다른 곳에 살고 있는 인접 주택의 소유주가 대상지 구입을 추진하기 시작하였고 이에 대해서 주민들 간의 논쟁이 일었다. 공원화에 대한 기대를 품고 있던 우정회를 비롯한 일부 주민들은 공공 활용이 논의되고 있는 대상지를 매입하는 것은 옳지 못하다는 의견을 폈다. 이에 인접 주택 소유주는 대상지를 매입하는 이유는 추후 재개발이 있을 경우 보상을 받기 위한 것이지 주택을 짓는 등 다른 용도로 활용할 계획은 없으므로 주민들이 원한다면 공원을 조성하여도 좋다는 유보적 태도를 보였다.

■ **주민들의 새로운 대상지 개선 제안: 6월**

주민들은 2002년부터의 논의 속에서 쓰레기 적치로 버려지는 곳에 화단을 만들거나 의자를 놓으면 쓰레기 문제도 해결되고 마을 미관도 향상될 수 있다는 것을 알게 되었다. 이러한 교육의 효과로 주민들은 쓰레기 적치로 항상 마을 분쟁이 있는 곳의 개선을 주민들 스스로가 제안했고 우정회 몇몇 주민들은 스스로 여론을 묻고 다녔다.

그리고 적극적인 주민은 대상지와 인접한 주택의 담을 헐어 공간을 넓히는 것은 어떤가에 대한 의견을 제기해 왔고 스스로 집주인을 만나 의견을 묻는 노력을 하였다. 그러나 일부 주민들은 주변에 항상 주차하는 차량 주인의 반발을 우려하였다.

〈사진 4-17〉 옥수동 주민들이 제시한 새로운 대상지

■ **최종 시공 대상지 선정: 8월**

예산 문제로 옥수동 두 곳 대상지에 대해서는 시공계획이 없었으나 언론의 소개와 행정이 개입하면서 대상지 개선에 대한 주민들의 기대가 높아졌다. 이에 다음 절에서 다룰 금호동 사례에 책정되었던 시공비를 줄이고 옥수동 대상지들 중 한 곳을 시공하기로 결정하였다.

이를 우정회 회원들에게 알렸고 공터와 계단, 주민들이 제시한 새로운 대상지 3곳 중 한 곳을 선정해 줄 것을 요구하였다. 주민들은 계단 공간의 시공을 원하였다. 공터의 경우 대상지 소유주가 허락을 하였으나 다시 태도가 변할 수도 있고 시공비가 많이 들것이라고 보았고, 새롭게 제시된 대상지의 경우 주차에 어려움이 있을 것이라고 보았다.

■ 계단 시공에 대한 주민 의견 청취: 10월 1일 - 20일

2002년 제시된 설계안을 변형하여 계단을 따라 화단을 설치하고 계단참에는 앉음벽을 설치하기로 결정하였다. 2003년 10월 우정회 원들은 대상지와 인접 거주 주민들을 대상으로 계단 공간 시공에 대한 의견들을 묻고 다녔다. 화단에 면한 주택의 주민들은 벽에 무리가 가지 않도록 방수처리를 요구하였다.

그리고 공사 3일 전 한 주민이 화단으로 계단 폭이 좁혀지면 이동이 어렵지 않겠냐고 반대하였으나 주민들은 "화단의 폭이 그리 넓지 않다. 꽃이 피면 얼마나 예쁘겠는가? 노인들이 잠깐 쉬어 갈 수도 있고 좋지 않은가?" 등의 타당성을 주장하여 설득하였다. 그 외 별다른 불만은 없었다.

■ 시공과 주민 잔치: 10월 28일 - 31일

시공 중 주민들의 호응이 높았는데 공사 시작 날 자재차량이 들어올 수 있도록 스스로 차를 빼 주었고 공사 중에는 주차 공간을 양보하기도 하였다. 시공을 해 주는 사람도 마을 사람들이라 커피나 국수 간식을 내오는 주민들도 있었다. 시공 마지막 날은 주민 잔치를 열어 앞으로의 관리에 대해 논하였다. 통장의 요청으로 이제까지 무관심한 반응을 보여 왔던 동장도 참석하여 추후 수목식재와 관리를 책임질 것을 약속하였다.

〈사진 4-18〉 옥수동 시공과 주민 잔치 모습

3) 종합 및 평가

(1) 종합

옥수동 사례는 원서동 사례와 마찬가지로 '의사소통 환경 조성'을 재구성해야 할 만큼의 사건이 발생하지는 않았다. 예측하지 못한 사건은 내부자들 간의 의사소통 과정에서 발생하기 보다는 언론 매체 및 행정의 개입 그리고 외부인의 대상지 매입 등 주로 외부의 개입으로 발생하였다.

다음의 평가 '성찰적, 심의적 과정이었는가?'에서 구체적으로 다루겠지만 주민들은 '1차 설계안에 대한 워크숍'에서 정자의 필요성을 제기하였다. 이것은 성찰과 심의를 촉발하는 계기가 될 수 있었으나, 다음의 모식도에서 보이듯이 전문가는 적극적인 대응을 하지 않은 채 넘어갔다. 총진행 과정을 종합하면 다음의 모식도와 같다.

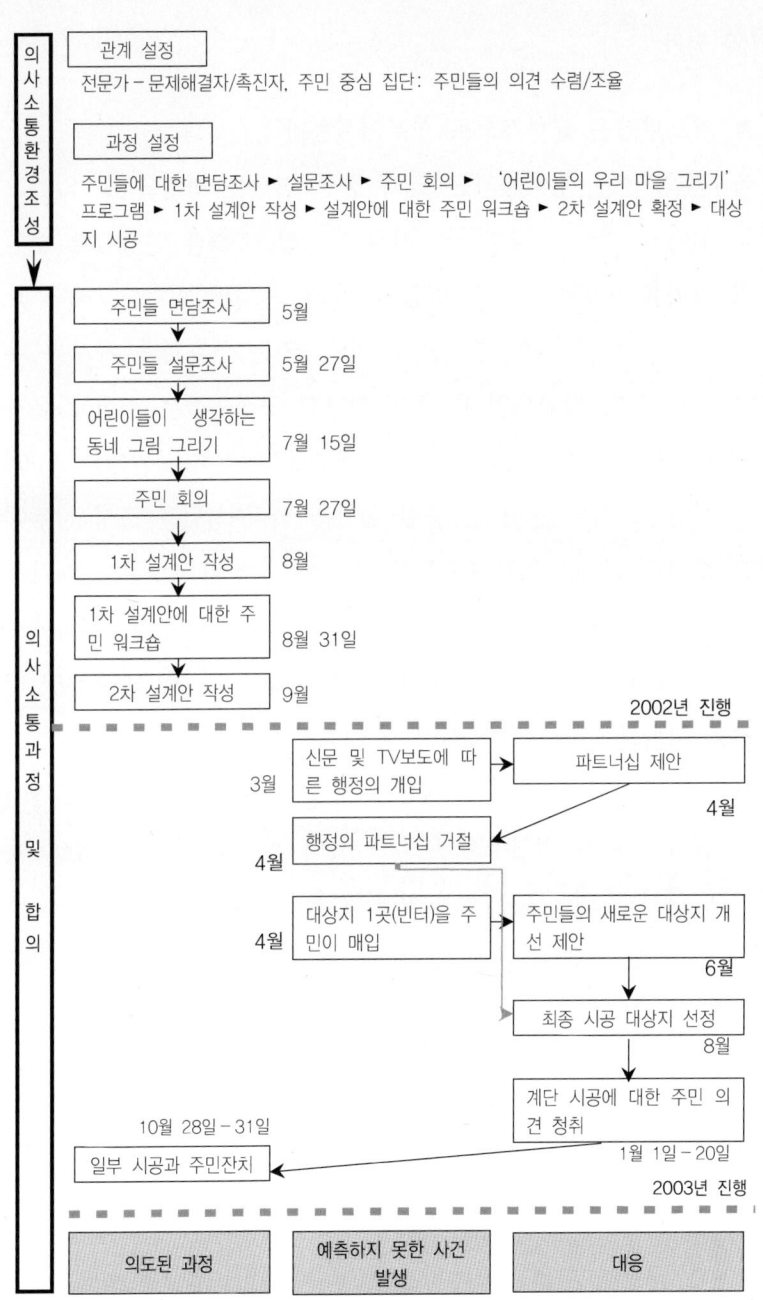

<그림 4-9> 옥수동 사례의 진행 과정 종합

의
사
소
통
환
경
조
성

관계 설정
전문가 - 문제해결자/촉진자, 주민 중심 집단: 주민들의 의견 수렴/조율

과정 설정
주민들에 대한 면담조사 ▶ 설문조사 ▶ 주민 회의 ▶ '어린이들의 우리 마을 그리기'
프로그램 ▶ 1차 설계안 작성 ▶ 설계안에 대한 주민 워크숍 ▶ 2차 설계안 확정 ▶ 대상
지 시공

의
사
소
통
과
정

및

합
의

주민들 면담조사	5월
주민들 설문조사	5월 27일
어린이들이 생각하는 동네 그림 그리기	7월 15일
주민 회의	7월 27일
1차 설계안 작성	8월
1차 설계안에 대한 주민 워크숍	8월 31일
2차 설계안 작성	9월

2002년 진행

3월 — 신문 및 TV보도에 따른 행정의 개입 — 파트너십 제안 — 4월

4월 — 행정의 파트너십 거절

4월 — 대상지 1곳(빈터)을 주민이 매입 — 주민들의 새로운 대상지 개선 제안 — 6월

최종 시공 대상지 선정 — 8월

계단 시공에 대한 주민 의견 청취 — 1월 1일 - 20일

10월 28일 - 31일 — 일부 시공과 주민잔치

2003년 진행

| 의도된 과정 | 예측하지 못한 사건 발생 | 대응 |

(2) 평가

■ 파트너십은 균형적으로 이루어졌는가

옥수동의 경우 원서동과는 달리 중심 집단을 형성할 수 있었고 중심 집단을 매개로 구성원들 이외 다양한 계층과 연령대의 주민들의 참여를 이끌어 낼 수 있을 것이라고 기대하였다. 그러나 오히려 중심 집단 이외의 주민들을 소외시키는 역효과를 가져올 수도 있다는 것이 확인되었다. 중심 집단의 구성원들은 주택 소유자들이었는데, 이들은 세입자들과 적극적으로 대화하지 않았다. 2004년 5월 면담조사에 응해 준 중심 집단의 한 구성원은 조성 여부에 대한 주민들의 '허락'이 필요했기 때문에 집주인들과 주로 대화했다고 밝혔다. 대상지 주변에 거주하는 한 세입자는 설문조사에도 응대하였고 대상지 개선 과정에 대해서 알고는 있었으나 자신의 의견을 피력할 기회는 없었다고 한다.

행정은 2003년 봄 대상지 개선에 대한 언론 소개로 일시적 관심을 보였다가 다시 비협조적 태도로 돌아섰고 주민들의 호응이 높아지자 다시 지원으로 입장을 바꾸었다. 2004년에는 행정이 스스로 수목을 심는 등 관리에 참여하고 있다. 전문가의 역할에 있어서 원서동 사례와는 달리 문제해결자의 역할뿐만 아니라 촉진자 및 중재자로서의 역할도 수행하였다. 하지만 시민단체는 참여하지 않았다.

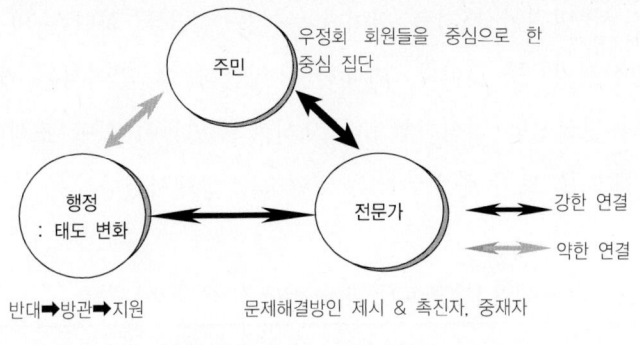

〈그림 4-10〉 의사소통자 구성과 역할

■ 성찰적, 심의적 과정이었는가

다음의 표 '② 주민: 설계안에 왜 정자가 없는가?⇒전문가: 여름에 해가 들지 않으므로 필요가 없다.⇒주민: 공원에는 정자가 있어야 한다.'에서 주민들은 공원에 대한 상투화된 이미지로 정자가 필요하다고 주장하였고 이에 따라 전문가는 정자 불필요에 대한 타당성을 주장하였으나 주민들에게 받아들여지지 않았다. 그럼에도 전문가는 지속적으로 다양한 사례와 근거를 제시하여 타당성을 주장했어야 했으나 이에 대한 노력이 부족하였다.

②는 타당성 주장 요구에 제대로 대응을 하지 않는 것이라면 ④의 '옥수동 공터의 소유자: 공원 조성을 허용하겠다.⇒마을 주민들: 믿을 수 없다. 다른 대상지를 찾겠다.'에서 마을 주민들은 자신들의 암묵적인 타당성 요구(공터를 공원으로 사용해도 되는가?)에 공터 소유자가 적극적으로 응대하였으나 수용하지 않았다. 외부자인 공터 소유자와 마을 주민들 간의 신뢰의 부족이라 할 수 있다.

이와 달리 ⑤의 '행정: 대상지는 민원이 많은 곳으로 계단에 화단 설치 시 민원이 제기될 것이다.⇒마을 주민들: 화단은 마을 경관을 향상시켜 줄 것이다. 반대하지 않는다.'에 있어서는 행정이 주민들의 진실성을 의심하였으나 오히려 주민들이 화단 조성에 적극적인 태도를 보여 줌으로써 반대의견을 상쇄시켰다.

〈표 4-10〉 타당성 요구에 따른 성찰과 심의의 계기와 대응들

구분		내용
이해가능성 (comprehensibility)	이것이 무엇을 의미 하는가?	–
진리성 (sincerity)	발언을 구성하는 명제들의 내용을 믿을 수 있는가?	① 행정: 500만 원으로 옥수동 공터의 시공은 어렵지 않은 가? ⇒전문가: 대상지의 일부분만 공사하고 재료 선정에 유의하면 가능하다.
정당성 (legitimacy)	발언은 규범적 맥락 속에서 정당한가?	② 주민: 설계안에 왜 정자가 없는가? ⇒전문가: 여름에 해가 들지 않으므로 필요가 없다. ⇒주민: 공원에는 정자가 있어야 한다.
정당성 (legitimacy)	발언은 규범적 맥락 속에서 정당한가?	③ 일부 주민: 계단에 화단 설치는 이동에 방해가 된다. ⇒연구자, 마을 주민들: 화단의 폭이 넓지 않아 방해가 되지 않는다. 노인들이 쉬어 갈 수 있다.
진실성 (truth)	말하는 이의 주관적 표현이 진실한가?	④ (마을 주민들: 공터를 공원으로 사용해도 되겠는가?) ⇒옥수동 공터의 소유자: 공원 조성을 허용하겠다. ⇒마을 주민들: 믿을 수 없다. 다른 대상지를 찾겠다. ⑤ 행정: 대상지는 민원이 많은 곳으로 계단에 화단 설치 시 민원이 제기될 것이다. ⇒마을 주민들: 화단은 마을 경관을 향상시켜 줄 것이다. 반대하지 않는다.

주: 음영이 들어간 곳은 타당성 요구와 주장이 무시되는 등 서로에게 근거 있게 받아들여지지 않은 경우라 할 수 있다.

■ 상호작용 활성화에 대한 노력은 적합하였는가

본 사례에서는 다른 사례와 달리 서울시의 녹화사업을 활용하였다. 녹화사업의 활용은 사노프(Henry Sanoff)의 성취감과 적극적 참여와의 관계에 대한 견해를 참조한 것이다. 사노프에 따르면 사람

들은 변화가 확실히 일어날 때 함께하고 참여는 참여자들이 직접적으로 성취감을 얻고, 능동적일 때 제 역할을 한다.[65] 이에 연구자는 2002년 주민들을 대신하여 서울시에 주민들과 협의하여 마을에 필요한 나무들을 신청하고 2003년 지급받도록 도와줌으로써 마을주민들이 함께 노력한다면 성취할 수 있다는 것을 보여 주려하였다. 그리고 이를 통해 마을의 경관과 대상지에 대한 관심을 높이고자 하였다.

본 사례가 원서동 사례와는 다르게 시도했던 것은 워크숍을 열어 공식적인 공론장을 구성하려 했다는 점이다. 더불어 의도치 않은 매스미디어의 개입은 정보를 주민들에게 알리고 관심을 이끌어 내는 데 효과적으로 작용하였다.

〈표 4-11〉 주민 참여 기법을 통해 본 상호작용 활성화에 대한 노력의 적합성

구분	내용
주민에게 정보를 전달하는 방법	• 중심 집단을 통해 구술로 전달 • 브리핑 회의 • 매스미디어의 활용
주민에게서 정보를 얻는 방법	• 설문조사 • 면담조사 • 중심 집단을 통해 구술로 전달 • 지도 그리기
프로젝트 실행에 주민 참여시키기	• 주민 워크숍 • 디자인 평가 주민 워크숍

■ 어떠한 효과를 지니는가

앞서 살펴보았듯이, 주민과 전문가 간의 의견 차이, 주민들 계층 간의 대화 부족 등으로 완벽한 합의를 이루었다고는 할 수 없다. 그럼에도 2년여에 걸친 과정으로 몇 가지 의의를 찾을 수 있었다.

먼저 옥수동 사례에서는 지역 특성과 주민들의 의견을 고려하지 않는 행정의 일률적 외부 공간관리의 한계와 주민 참여의 필요성을 볼 수 있다. 2002년 행정에서는 옥수 1동 모든 계단에 일괄적으로 난간을 설치하였다. 그러나 우정마을에서는 이사 시 물건의 적치와 이동의 불편의 이유로 주민들이 민원을 제기하여 무산되었다. 그러나 주민들은 화단과 앉음벽 설치에 대해서는 긍정적인 태도를 보였고 오히려 반대하는 행정을 설득하였다.

옥수동 사례가 언론에 소개되면서 성동구청 주민자치과에서는 자투리 공간을 활용한 소공원 조성에 관심을 갖게 되었고 2003년 예산을 확보하여 옥수1동 동사무소에 예산 활용을 위임하였다. 그러나 동사무소에서는 주민 참여과정을 번거롭게 여기고 본 연구에서 제시한 대상지가 아닌 두 곳을 시공하였다. 그런데 2004년 4월 공원·녹지 담당 공무원과의 면담 진행 과정에서 이 두 곳 중 한 곳은 주차에 방해가 된다는 주민들의 민원 제기로 철거되었다는 것을 알게 되었다.

다음, 주민들이 보여 준 태도에서도 효과를 찾을 수 있다. 주민들은 스스로 쓰레기가 쌓여 경관상 좋지 않고 이로 인한 주민들 간의 분쟁이 있는 곳을 새로운 대상지로 제안하였다. 주민들은 간접적으로 이루어진 교육으로 소공원화가 이와 같은 문제들을 해결할 수 있고 공공선에 기여할 수 있다고 본 것이다.

주민들은 시공 시에는 건설자재운반 차량을 대비하여 미리 차를 빼 놓거나 주민 스스로 사비를 털어 공사하는 사람들에게 간식을 제공하는 열의를 보였고 이러한 관심은 관리로도 연결되었다. 주민들 스스로의 관리 능력을 의심한 연구자는 행정이 수목을 심지 않은 화단에 2004년 봄 꽃씨를 뿌려 두었는데 며칠 후 다른 꽃씨가 뿌려지고 화단이 정리된 것을 발견하였다. 주민들에게 문의한 결과 화단과 마주하는 집의 아주머니가 수고한 것으로 밝혀졌다. 이 주민은 우정회 회원으로 두 번의 워크숍에 모두 참여하는 등 적극적인 태도를 보였고 시공 당시 간식을 제공하기도 하였다. 그녀는 골목길 경관 향상으로 바로 앞에 사는 자신이 가장 큰 이득을 얻게 되었다고 생각해 스스로 관리하는 것은 당연하다고 여겼다. 앞 음벽에 사람들이 모이게 되면 시끄럽지 않겠냐는 질문에는 수용할 수 있다는 반응을 보였다. 원서동에서 대상지를 면하는 슈퍼마켓 여주인이 보였던 것과는 대조되는 태도라 할 수 있다.

행정의 변화 또한 옥수동 사례의 또 다른 의의이다. 2003년 행정은 무관심의 태도를 보였으나 통장을 통해 주민들의 호응이 전달되자 시공 잔치에도 참여하고 2004년에는 수목을 심거나 청소를 하는 등 관리에 적극적으로 나서고 있다.

〈사진 4-19〉 옥수동 사례 관리 현황

(3) 2009년 현재

원서동 한평공원에 비해 옥수동 한평공원은 큰 변화없이 조성 당시의 모습을 그대로 유지하고 있다. 그리 활발하게 이용되고 있지는 않지만, 생활 속 공간으로 자리 잡고 있다고 할 수 있다. 다행히도 쓰레기 적재 같은 일은 벌어지고 있지 않고, 한평공원을 면하고 있는 집주인과 몇몇 이웃이 초기에 뿌려 놓은 꽃씨 덕으로 매년 봄과 여름, 가을에는 다양한 꽃이 피고 있다. 여름에는 봉숭아, 가을에는 코스모스 등이다. 중간에 만들어 놓은 벽돌로 된 앉음벽과 가파른 계단을 지나는 이들이 잠깐 쉬는 공간으로, 그 앞은 어린이들의 임시 놀이터로 활용되고 있다. 한 주민은 근처에 어린이공원 같은 작은 공원도 없어 유아들을 데리고 나갈 곳이 없어, 봄부터 가을까지 이곳에 자리를 깔고 이웃들과 함께 유아들이 놀 수 있게 한다고 한다. 임시 어린이 놀이터가 되는 것이다. 초기에는 디자인과 실행에 참여했던 몇몇 주민들이 의욕을 부려 장미 같은 관목을 사다 심기도 했지만, 밤사이 다른 주민이 파 가는 일이 생기기도 했다. 이런 일이 반복되자 주민들은 수목을 식재하는 일은 포기하고 대신 초화류만을 가꾸고 있다. 다양한 꽃씨를 뿌리기도 하고 한여름 비가 오지 않을 때는 자신의 집에서 물을 길어다 관리하고 있다.

4. 금호동 한평공원 만들기

1) 대상지의 개요

대상지는 금호동 3가에 속하며, 금호터널 상부에 위치한다. 동측에는 두산아파트가 입지하며 남측에 도로와 옥수터널이, 서측과 북측에는 일반 주택들이 모여 있다. 금호동 일대는 1970년대 후반에는 AID차관 재개발이, 1980년대에는 합동 재개발이 이루어졌으나 대상지가 위치한 주변은 재건축만 부분적으로 이루어져 주택들은 노후되었다. 그리고 주변 주민들은 서민층으로 아직도 연탄을 난방으로 이용하는 경우도 있어 열악함을 알 수 있다. 주부들도 직업을 갖고 있어 낮 동안 비어 있는 집들도 많다. 한 집에 여러 가구가 살고 있고 직업이 없는 주부들은 낮 시간 동안 다른 자녀들도 살펴 주는 등 주민들 간의 친분관계는 돈독하다.

〈사진 4-20〉 금호동 현황도와 현황사진

대상지는 시간에 따라 이용자가 변한다. 낮 시간에는 아이들의 놀이공간이 되기도 하고, 생활용품을 파는 차량이 오면 일시적 장터가 되기도 한다. 여름이면 돗자리를 갖고 나와 그늘에서 휴식을 취하거나 담소를 나누는 주민들을 쉽게 발견할 수 있다.

2) 전개 과정

(1) 문제제기

전문가 집단은 본 연구의 또 다른 사례인 '옥수동의 공터 및 계단 공간'을 진행하면서 어린이들과 마을 그리기를 실시하였고 여기서 어린이들 대부분이 본 대상지에서 놀고 있다는 것을 발견하였다. 그러나 거주자 우선 주차장이 대상지의 대부분을 차지하고 있어 차량과 어린이들 이용과의 마찰이 있었다. 주차장 모퉁이 공간은 1미터 정도 높고 콘크리트 가목 파고라 1개소와 벤치 10개소(파고라 밑 9개소 중 1개소 파손)의 시설물이 배치되어 있으나 포장 상태도 불량하고 쓰레기가 적치되어 있었다.

(2) 초기의 의사소통 환경 조성

■ **의사소통자 구성 및 관계 규정**

면담결과 주민들 간의 자치적인 조직체는 없는 것으로 조사되었다. 다만, 원서동과 옥수동 사례와는 달리 현재 이 공간을 주도적으로 이용하고 있는 주민들이 있어 이들을 중심 집단으로 구성할 수 있는 가능성이 보였다. 대상지는 인접 주택들에서 문을 열고 나서면 마주할 수 있는 광장과 같은 곳으로 주민들의 비공식적 만남이 상시적으로 일어났다. 특히 낮 시간에는 주부들의 이용이 많았다. 대상지에 나와서 환담을 나누거나 자신들의 자녀들이 노는 것을 지켜보면서 하루의 많은 시간을 보내고 있었다. 주부들은 대상지에서 벌어지고 있는 일들을 소상하게 알고 있었고 자신들 자녀들 때문에 대상지 개선에 대한 필요성을 강하고 인식하고 있었다. 그러나 주부들은 대부분 세입자들이라 자신들의 의견 개진에 소극적이고 자신 없는 태도를 보였다. 이에 중심 집단을 형성하지 못하고 대신 대상지에서 만날 수 있는 주민들을 상대로 의사소통을 시작하였다.

■ 상황 파악 및 문제 규정

중심 집단이 꾸려지지 않아 주민들과의 공동 이해를 이루지 못한 채 주민들의 의견을 참조하여 전문가 집단 내에서 문제를 규정하였다. 주민들의 의견을 들어 보았을 때 현재 광장의 기능은 유지시키되 주차와의 마찰을 최소화하는 방안이 필요하였다. 특히 어린이들의 마을 그리기에서 보이듯이 대상지는 어린이들의 주요 놀이공간인 만큼 차량으로 인한 위험을 최소화하는 것이 필요하였다. 그리고 개선은 단지 물리적인 것뿐만 아니라 주차장 활용에 대한 주민들 간의 협약 같은 소프트웨어적인 방안도 필요하다고 보았다.

■ 과정 설정

중심 집단이나 주민 리더를 발굴하지 못했기 때문에 주민들 의견을 모으기 위해서는 대상지 주민들과의 빈번한 면담과 관찰조사가 필요하다고 보았다. 전체 설정된 과정은 다음과 같다.

면담 및 관찰조사⇒설문조사⇒어린이 프로그램 진행⇒설계안 작성

(3) 의사소통의 전개

■ 면담조사 및 관찰조사: 2002년 6월

면담에 따르면 대상지는 아주 추운 겨울을 빼고는 적극적으로 이용되고 있었다. 출근 시간 이후 오전에는 주변의 아주머니나 할머니들이 아이들을 데리고 나와 담소를 나누고 있었고 오후 2시 이후로는 하교한 초등학생들의 놀이공간으로 사용되고 있었다. 퇴

근 이후 저녁 시간에도 대상지 곳곳에서 담소들을 나누는 모습을 발견할 수 있었다.

주민들은 주차장 기능을 없애거나 놀이를 금지하여 대상지의 기능을 하나로 한정시키는 것에 대해 부정적 반응을 보였다. 지금도 주차장이 협소하여 주민들 간의 실랑이가 있는 경우가 많고 이곳 외 별다른 놀이공간이 없어 두 가지 기능 모두 필요하다는 것이었다. 다만 표지판 설치 등으로 위험 요소를 감소시키길 원하고 있었다. 다음으로 주민들은 야간에 불량 청소년들과 성인들의 음주를 문제로 지적하면서 가로등의 증가나 경찰들의 야간 순찰의 필요성을 제기하였다. 그리고 쓰레기 문제도 지적하였다.

〈사진 4-21〉 금호동 대상지의 일상

■ 설문조사: 7월

남자 28명과 여자 22명에 대해서 설문조사를 실시하였다. 현재 어린이들의 놀이가 많이 이루어지고 있는 만큼 주민들은 주차장 일부와 휴식공간을 놀이공간으로 변경하는 것에 동의하고 있었다.

〈표 4-12〉 금호동 외부 환경 만족에 대한 설문조사 결과

대상지의 문제점	차량으로 위험	지저분하다	불량 청소년	소음	기타
	43	39	12	4	2
차량으로 위험	매우 그렇다	그렇다	보통이다	그렇지 않다	아니다
	16	48	26	8	2
대상지 이용 이유	휴식	담소	산책	놀이	음주	기타
	21	46	12	6	3	12
주차장 변경	위험하므로 놀이 금지	위험 감소 장치 설치	주차장을 줄여 놀이공간으로 사용	기타
	29	23	46	2
휴식공간 변경	그대로 둔다	시설만 교체	전체를 놀이 공간으로	일부만 놀이 공간으로	기타
	19	23	27	19	12

■ 어린이들의 사진조사(photo survey): 8월 20일,
  21일/9월 3일

주 이용자들인 어린이들의 의견을 검토하고 부모들의 관심을 이끌어 내기 위해 어린이들을 대상으로 사진조사를 실시하였다. 8월 20일과 21일 오후 4시부터 5시 30분까지 옥수1동에 있는 사설학원 학생들과 대상지에서 놀고 있는 어린이들을 대상으로 1회용 사진기를 이용하는 방법과 안내 문건 내용을 설명한 후 대상지를 사진 촬영하도록 하였다.

9월 3일에는 사진을 찍었던 어린이들과 함께 인근 어린이 보습

학원에서 결과를 정리하였다. 어린이들에게 대상지 지도를 먼저 보여 주어 공간감을 익히게 한 후, 3조로 나누어 대상지를 그리고 그 위에 자신들이 찍은 사진을 붙이고 설명을 쓰도록 하였다.

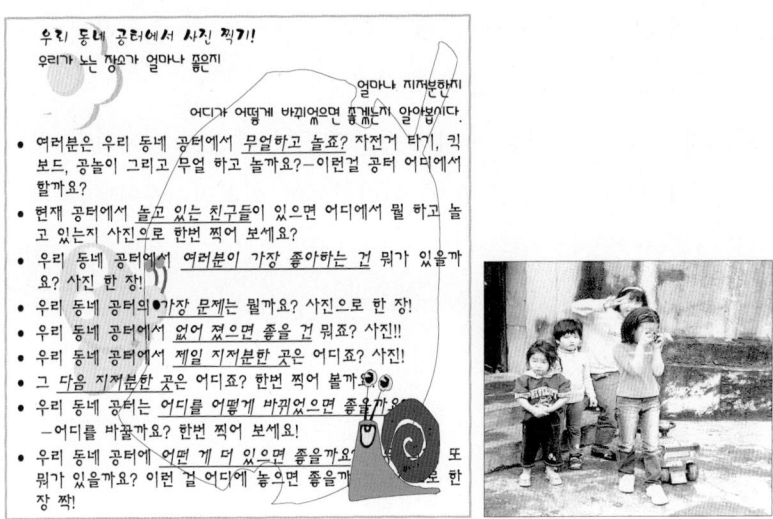

〈사진 4-22〉 금호동 사진 찍기 요령을 알려 주는 문건과 아이들의 사진 찍는 모습

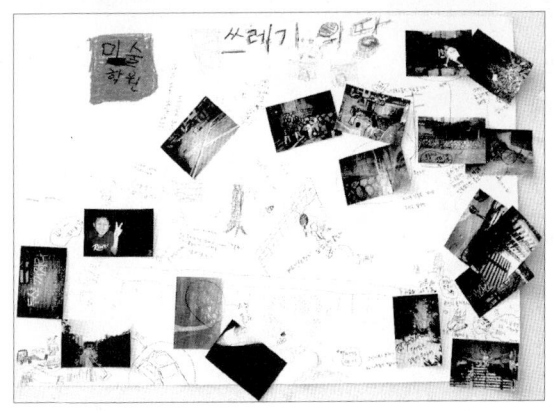

〈그림 4-11〉 금호동 사진 촬영 결과 정리

■ 설계안 작성: 9월

설계는 자동차로부터의 안전 확보라는 데 주안점을 두었다. 우선 차량이 진입하는 입구 부분 바닥에 교통표지판과 그림을 그려 넣어 이곳은 주민들의 휴식공간이며 아이들의 놀이터이라는 영역성을 부여하였다. 차량 주차 부분에도 그림을 그려 운전자의 주의를 환기시키는 수단이 되도록 하였다.

파고라 공간과 주차장 사이에는 스탠드형 계단을 설치하여 공간의 연결을 꾀하고 램프를 두어 어린이들이 인라인스케이트를 타고 공간 이동이 가능하도록 하였다. 또한 상단부분의 포장은 고무매트, 모래, 목재 데크를 사용하여 여러 가지 놀이와 행태가 가능하도록 하였다. 파고라의 등나무는 그대로 유지하되, 콘크리트 인조목 기둥 부분에 다른 재료를 덧대는 등의 변화를 주고 파고라 하부의 벤치는 철거하고 새로 2인용과 1인용을 섞어서 설치하도록 하였다.

〈그림 4-12〉 금호동 1차 설계안

■ 시공 예산 지원으로 인한 의사소통 환경 재조정: 2003년 4월

2003년 예산을 지원받게 되면서[66] 시공을 전제하지 않고 작성하였던 2002년 설계안에 대한 검토 필요성이 제기되었다. 전문가 집단에서는 어린이들의 놀이와 주차를 한 곳에 두는 것은 안전 문제가 있으므로 한 가지로 한정하는 것에 대해 적극적으로 재검토해 보자는 의견이 다시 제기되었다. 주차장을 없애지 못한다면 어린이들의 놀이와 충돌이 적도록 주차 면의 위치 변경은 가능한지, 시간대별 주차는 가능한지 등을 보다 자세히 검토하자는 것이었다. 이에, 다음과 같이 의사소통 과정을 다시 설정하였다.

'어린이들과의 필드 디자인 게임⇒개선안에 대한 주민 의견 수렴⇒설계안 확정'

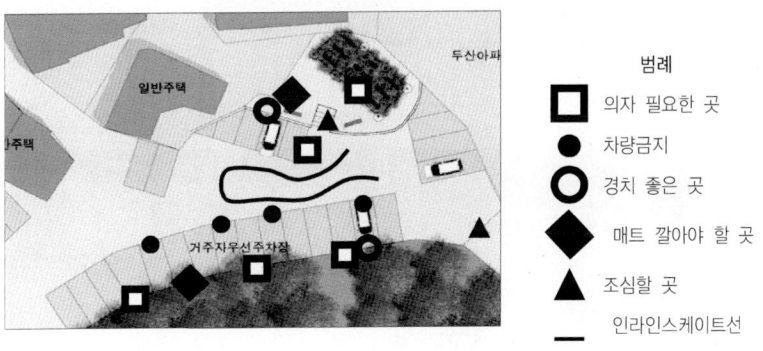

〈그림 4-13〉 금호동 필드 디자인 게임 진행 결과

■ 어린이들과의 필드 디자인 게임(field design game):
5월 15일

어린이들의 요구를 보다 심층적으로 알아보고 2002년 작성된 설계의 타당성을 검토하기 위해 어린이들을 대상으로 필드 디자인 게임을 실시하였다. 먼저, 대상지에서 프로그램 진행에 대한 유인물을 나누어 주고 설명을 한 뒤 어린이들이 직접 가장 위험한 곳, 경치가 좋은 곳 등을 표시하도록 하고, 자신들이 그린 그림들을 일시적으로 전시하도록 하였다. 진행 내용은 2003년 5월 22일 KBS 8시 뉴스에 반영되었다.

〈사진 4-23〉 금호동 필드 디자인 게임 진행 과정

■ 신문 및 TV보도에 따른 행정의 개입: 6월

대상지 개선에 대한 내용이 2003년 3월 25일 한국일보와 2003년 4월 27일 조선일보에 소개되었고 앞의 어린이 프로그램 진행 내용이 2003년 5월 22일 KBS 8시 뉴스에 반영되면서 성동구청이 개입하게 되었다.

5월 말 성동구청장이 직접 대상지를 방문하여 통장, 주민들과 면담하면서 대상지를 개선해 줄 것을 약속하고 공원녹지과에 지시하였다. 연구자는 이러한 내용을 주민들에게서 접하게 되었고 자세한 내용을 공원녹지과에 문의해 본 결과 공원녹지과는 성동구청장의 지시를 받아 바닥포장재와 벤치를 교체하고 성인들을 위한 운동기구 설치를 계획하고 있었다.

■ 성동구청에 파트너십 요청과 거절: 7월

연구자는 성동구청에 파트너십을 형성하여 전문가 집단에서는 주민 참여를 통해 설계안을 작성하고 구청은 시공할 것을 제안하였으나 구청 측은 번거로움과 자신들의 업무에 대한 간섭으로 여겨 거부하였다. 그러나 지속적으로 요청하자 구청이 독립적으로 시공할 것이나 구청이 시공한 내용을 해치지 않는 범위 내에서 연구자가 부가 시설을 설치하는 것은 반대하지 않겠다는 의견을 내놓았다.

■ 의사소통 환경조성 재조정 - 과정 설정을 변경: 7월

전문가 집단에서는 구청 요구를 따를 것인가, 시공을 포기할 것인가를 논의하게 되었다. 그러나 이것도 행정과의 파트너십의 하나

이므로 수용하고 휴게공간 개선 이외 주민들의 다른 요구 사항들은 없는지와 주차장 변경에 대한 의견들을 적극적으로 듣자는 결론을 내게 되었다. 다음은 재조정된 과정이다.

'과정 설정: 주민들의 요구 사항 다시 듣기⇒설계⇒시공'

■ 면담조사 – 의사소통 환경조성 재조정(관계설정) : 8월

성동구청의 계획에 대한 주민들의 의견을 듣고 주민들의 새로운 요구를 듣기 위해서 면담을 실시하였다. 이 과정 중에 마을 일에 적극적인 배설자 아주머니를 만나게 되었고 저녁마다 대상지 한 귀퉁이에서 환담을 나누는 할머니들을 만나게 되었다. 대상지와 인접한 주택에서 30년 정도 거주하고 계신 배설자 아주머니는 이전에 이미 주민들의 의견을 수렴하여 동네의 불편함을 개선한 적이 있었고 원래 빈터로 있던 대상지를 주차장으로 변경하는 데도 주요한 역할을 하셨던 분이었다. 그리고 할머니들도 집주인들은 아니었지만 아주머니들과는 달리 대상지 개선에 대해서 적극적인 태도를 보여 주셨다. 그리고 한 할머니는 밤에 청소년들이 대상지에 남아 있으면서 시끄럽게 구는 것이 못마땅하여 귀가 종용을 위한 시계를 자신의 집 외벽에 걸어 두셨다고 했다.

이들에게 대상지를 보다 쾌적하게 만들기 위해 필요한 작업이 무엇인가를 물어보았다. 할머니들은 그들이 자주 환담을 나누는 곳에 벤치를 놓으면 어떻겠냐는 의견을 주셨고 배설자 아주머니는 현재 화분들이 혼잡하게 놓인 곳에 화단을 만들었으면 좋겠다는 의견을 주셨다. 그러나 다시 방문하였을 때, 할머니들은 벤치를 놓으면 늦게까지 사람들이 모여 있게 돼 인근 주민들에게 불편을 줄 수 있어 놓지 않는 것으로 결정하셨다고 알려 주셨다. 그리고 화단에 대해서는 대상지 주인이 현재 외국에 머물고 있는 관계로 허락을 받지 않고 변경하는 것은 문제가 있을 것이라고 하셨다. 대신 주차장을 정면으로 향하고 있는 건물 외벽이 경관상 불량하나 집주인이 다른 곳에 살아 개선하지 않으므로 개선하는 것이 좋겠다는 의견을 주셨다.

주: 청소년들이 얼마나 시간이 늦었는지를 확인할 수 있도록 사비로 구입하여 설치하셨다고 함

〈사진 4-24〉 금호동 할머니들과 할머니가 설치한 시계

- **설문조사 실시: 8월**

구청이 제시하는 설계 개선안(운동시설 설치 등)과 연구자가 실시하고자 하는 바(벽화 등)에 대한 주민들의 의견을 최종적으로 검토하기 위하여 대상지에서 쉽게 만날 수 있는 남자 15명과 여자 17명 총 32명에 대해서 설문조사를 실시하였다. 설문조사지에는 도면을 첨부하여 주민들의 인식이 용이하도록 하였다.

<표 4-13> 금호동 2차 설문조사

생활 형태	전업주부로 하루의 대부분을 마을에서 보냄	상가와 집 모두 주변에 있어 하루의 대부분을 마을에서 보냄	직장이 주변에 있어 낮에만 마을에 있음	집이 주변에 있어 밤에만 마을에 있음	집이 이 주변인 초, 중, 고생
	32.1	17.9	14.3	32.1	3.6
어린이 놀이 안전에 대한 합리적 방안	놀이를 금한다.	주차장을 없애고 어린이공원으로 조성	일부를 어린이공원으로 조성		안전을 알리는 시설물 설치
	14.3	53.6	25.0		7.1
어린이 안전사고 방지를 위한 방안	바닥에 안전사고 방지 도안을 그림		안전표시판을 세움		
	39.3		60.7		
램프 설치로 휴식공간과 주차장을 연결	찬성한다	보통이다	반대한다		무응답
	25	18	53		4
주차장과 휴식공간 연결에 대한 반대 이유	위험하다		어른들의 휴식공간 사용에 방해된다.		
	80		20		
휴식공간 한쪽 벽에 벽화	찬성한다	보통이다	반대한다		무응답
	39	39	18		4
운동기구 설치	찬성한다	보통이다	반대한다		무응답
	67.9	17.9	10.7		3.6

■ 성동구청의 시공: 9월 10일 - 15일

9월 말 성동구청은 연구자에게 통보 없이 이전 콘크리트 포장을 점토벽돌 포장으로 변경하고 의자를 교체하였다. 그리고 한쪽에 운동기구를 설치하는 시공을 실시하였다.

■ 개선방안 구상과 설계: 9월 20일 - 30일

면담조사와 설문조사 내용을 바탕으로 성동구청의 시공을 보완할 수 있는 설계를 작성하였다.

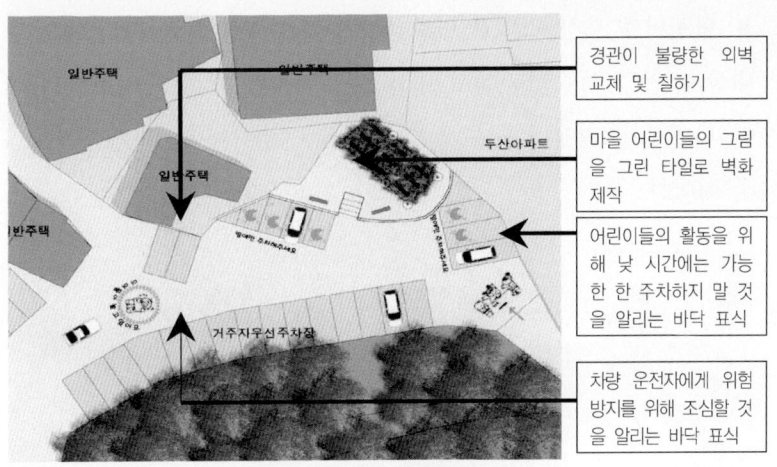

경관이 불량한 외벽 교체 및 칠하기

마을 어린이들의 그림을 그린 타일로 벽화 제작

어린이들의 활동을 위해 낮 시간에는 가능한 한 주차하지 말 것을 알리는 바닥 표식

차량 운전자에게 위험 방지를 위해 조심할 것을 알리는 바닥 표식

일반주택

일반주택

두산아파트

일반주택

일반주택

거주자우선주차장

〈그림 4-14〉 금호동 전체 개선안

- **개선방안과 설계 내용에 대한 즉석 필드 워크숍**
  (field workshop): 9월 30일

대상지에서 여가를 보내고 있는 할머니들과 아주머니들을 대상으로 설계안에 대한 즉석 필드 워크숍을 실시하였다. 그리고 참여하였던 주민들에게 다른 주민들에 대한 여론 수렴을 부탁하였고 다시 방문했을 때 별다른 반대는 없었다고 알려 주었다. 다음은 주민들이 제시한 의견이다.

"그 돈으로 못사는 사람들 쌀이나 사 주었으면 좋겠다. 바닥표식이 별 효과가 없을 듯하다. 그림을 그리면 더 지저분할 것 같다. 벽화는 쉽게 더러워지지 않겠는가? 아이들이 짓궂어서 조형물 관리가 어려울 것이다."

■ 어린이를 대상으로 한 아트 워크숍(art workshop): 10월 8일

대상지 인접 보습학원에서 마을 어린이들이 직접 대상지 벽화에 쓰일 타일에 그림을 그리도록 하였다. 주제는 '우리 마을'과 '우리 가족'이었다.

〈사진 4-25〉 금호동 아트워크숍 진행 과정

■ 시공: 10월 17일, 18일

인접 주택 벽 보수는 배설자 아주머니의 솔선수범으로 재료 구입부터 칠까지 주민들이 직접 맡아 주었다. 17일 저녁 바닥에 그린 그림이 다 마르기 전에 주차 차량들이 들어오자 일부 주민들은 그림 주변에 차를 주차하여 차량들이 그림을 밟고 지나지 못하도록 하였다. 그리고 밤에 비가 내리자 직접 재료를 구해 그림을 덮어 주는 수고를 하였다.

〈사진 4-26〉 금호동 전체 시공 과정 및 결과

3) 종합 및 평가

(1) 과정의 종합

금호동 사례 연구에서는 의사소통 환경 조정이 세 번 이루어졌다. 주민들의 참여도가 증진되어 참여자들 간의 관계 조정이 있었고 예상치 못한 예산지원과 방송 매체 보도로 의사소통 과정이 재조정되었다. 그리고 행정과의 파트너십을 염두에 두고 과정을 재조정하였으나 거부되어 의사소통 과정을 다시 재조정하였다.

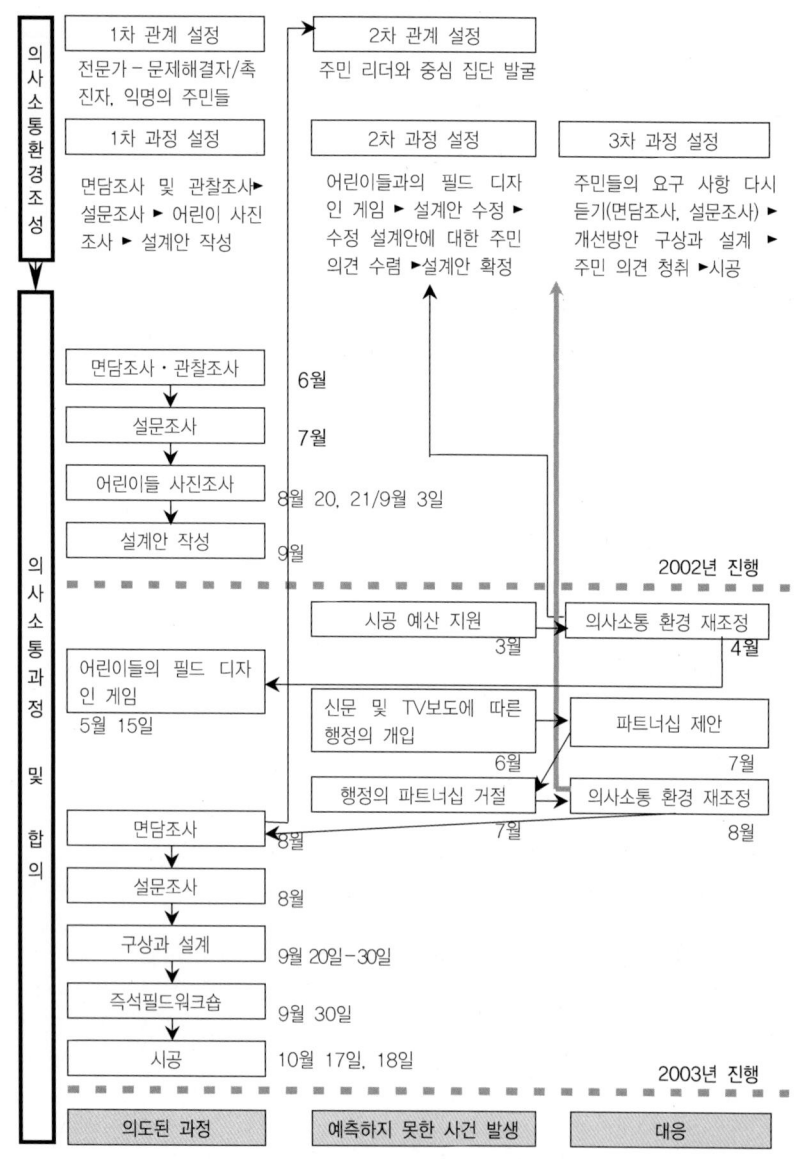

의사소통환경조성

| 1차 관계 설정 | 2차 관계 설정 | |
전문가 – 문제해결자/촉진자, 익명의 주민들 | 주민 리더와 중심 집단 발굴 |

1차 과정 설정 — 면담조사 및 관찰조사▶설문조사 ▶ 어린이 사진조사 ▶ 설계안 작성

2차 과정 설정 — 어린이들과의 필드 디자인 게임 ▶ 설계안 수정 ▶ 수정 설계안에 대한 주민 의견 수렴 ▶설계안 확정

3차 과정 설정 — 주민들의 요구 사항 다시 듣기(면담조사, 설문조사) ▶ 개선방안 구상과 설계 ▶ 주민 의견 청취 ▶시공

의사소통과정 및 합의

면담조사·관찰조사 6월
설문조사 7월
어린이들 사진조사 8월 20, 21/9월 3일
설계안 작성 9월

2002년 진행

시공 예산 지원 3월
의사소통 환경 재조정 4월

어린이들의 필드 디자인 게임 5월 15일

신문 및 TV보도에 따른 행정의 개입 6월
파트너십 제안 7월

행정의 파트너십 거절 7월
의사소통 환경 재조정 8월

면담조사 8월
설문조사 8월
구상과 설계 9월 20일–30일
즉석필드워크숍 9월 30일
시공 10월 17일, 18일

2003년 진행

의도된 과정 | 예측하지 못한 사건 발생 | 대응

〈그림 4-15〉 금호동 사례의 종합

274

(2) 평가

■ 파트너십은 균형적으로 이루어졌는가

먼저 주민의 참여를 살펴볼 수 있겠다. 대상지를 점유하는 주민들은 대상지에서 일상의 대부분을 보내고 있는 주부들과 할머니들, 어린이들, 이곳에 주차를 하는 운전자들로 구분될 수 있다. 본 연구자는 주부들과 할머니들, 어린이들과는 잦은 대면을 가졌으나 운전자들과는 거의 접촉하지 못했다. 이로 인해 가장 큰 문제인 자동차로 인한 어린이들의 안전 문제를 완벽하게 해결하지 못했다. 비록 바닥에 낮 시간 동안 주차 금지해야 할 곳들을 표시해 두었으나 근본적인 해결책은 되지 못했다. 2003년 의사소통 과정에서 주부들과 할머니들은 동사무소에서 주차비를 받으므로 전면 금지는 못 하더라도 운전자들에게 낮 동안 일부 구간에서의 주차 금지를 부탁하자는 데 동의하였다. 그러나 2004년 5월 주민들을 면담했을 때 이러한 활동들을 전혀 하고 있지 않았다.

"누군가 주도권을 잡고 해야 하는데, 누가 하겠느냐고. 주차권을 돈 주고 산다는데(38세의 한 아주머니)."

비록 말미에는 해소되었으나 주부들과 할머니들의 소극성은 2002년과 2003년의 진행과정에서도 나타났다. 2004년 면담조사에 응한 3명의 세입자들인 주부들은 2003년 배설자 아주머니가 가장 적극적으로 의견을 제시하고 관철시킨 것에 대해 불만은 없느냐는 질문에 그 사람은 집주인이며 이전부터 지역 일을 많이 했으므로 당연하다는 태도를 보였다. 그리고 면담 과정에서 한 아주머니는 결과에는 만족하나 2002년과 2003년 과정 중에 자신의 의견을 적극적으로 피력하지 못했다고 밝혔다. 이사 온 지 1년밖에 안 되며, 세입자이고 본인에게 구체적으로 물어봐 주지 않았다는 것을 이유로 들었다.

낮 시간의 주 이용자들인 이들이 의견을 강하게 드러내지 않아 고려되지 못했고 그러다 보니 물리적 환경 개선은 어린이들이 그린 벽화, 조형물 등 어린이들을 위주로 이루어졌다. 이에 결과적으로 어린이 이용자들이 급증하였고 현재 주부들과 할머니들은 휴식 공간을 점유하지 못하고 주차장 주변의 자투리 공간으로 밀려나게 되었다.

"이쪽(연구자: 주차장의 입구)에 정자가 있었으면 좋겠어. 저기(연구자: 휴식공간)는 애들이 있어서 어른들은 거기 가기가 그렇지. 애들이 갈 데가 없으니까 저기서 놀면 좋지만 정신이 없어서. 정자가 있으면 차들도 좀 없어질 거고."

행정과의 관계에 있어서는 세 가지 사례 중 가장 부정적인 형태를 띠었다. 2002년 행정은 대상지 개선에 대해 무관심의 태도를 보이다 언론 소개로 상부로부터 명령이 있자 단독 수행의 입장으로 변하였고 명령을 수행한 후에는 다시 방관의 입장을 취하였다. 이에 대해서는 아래에서 보다 구체적으로 다루도록 하겠다. 그리고 금호동 사례에서는 옥수동 사례와 같이 전문가가 문제해결자와 촉진자로서의 역할을 하였다.

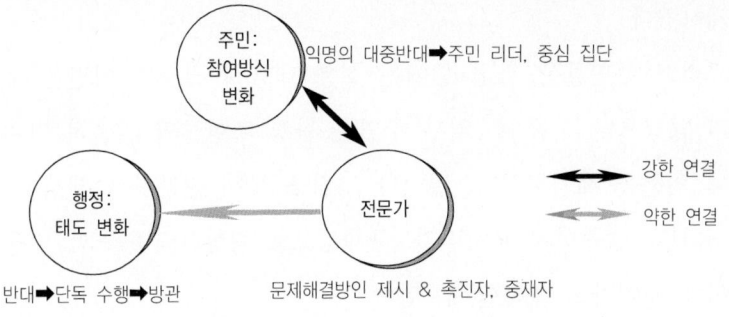

〈그림 4-16〉 금호동 의사소통자 구성과 역할

■ 성찰적, 심의적 과정이었는가

다른 두 사례와는 달리 행정가와 전문가 간의 갈등이 가장 두드러지게 나타났다. 본 연구자는 담당 공무원을 직접 찾아보거나, 전화, 이메일 등으로 대상지 개선의 방향과 주민과의 대화의 필요성 등을 이유로 들어 파트너십을 요구하였으나 거절당했다. 이에 담당자보다 직급이 높은 공무원을 상대로 다시 의사소통을 제기하였으나 수용되지 않았다. 그리고 소유가 서울시인 만큼 행정의 의지가 관철될 수밖에 없었다.

이런 행정의 비협조적 태도의 가장 큰 이유는 하향식 명령체계에 익숙해져 있어 아래로부터의 요구는 충분한 동기부여가 되지 못하는 것으로 볼 수 있다. 또 다른 이유는 초기 주어진 문제 규정에 있어 상호 이해를 갖지 못한 것도 있다. 전문가와 주민들 간에는 '주차와 어린이 놀이의 상충 해결, 쾌적한 공간, 옥외 활동을 증진시킬 수 있는 공간으로의 활용'이라는 것에 대해 상호 이해가 이루어졌으나 행정은 단지 쓰레기 투척이나 부서진 시설에 대한 민원 제기로 보았고 총체적 환경 개선에 대한 고민 없이 시설물을 대체하였다.

그리고 주민들은 과정 중에는 설계 내용에 별다른 이견을 제기하지 않았으나 시공 후 일부 주민은 환경 조형물의 실용적 가치에 대해 의문을 제기하였다. 말이나 그림을 통해 전문가가 제시한 것을 충분히 납득하지 못하다가, 구체적으로 형상화되었을 때 반응을 보이는 것이라고 추측할 수 있다.

〈표 4-14〉 금호동 타당성 요구에 따른 성찰과 심의의 계기와 대응들

구분		내용
이해가능성 (comprehensibility)	이것이 무엇을 의미하는가?	① 전문가: 대상지의 개선이 필요하다. 특히, 주차장과 어린이 놀이의 충돌 해결이 필요하다. ⇒행정: 경관상으로 불량한 휴식공간의 바닥포장 대체/운동시설 배치
진리성 (sincerity)	발언을 구성하는 명제들의 내용을 믿을 수 있는가?	② 전문가: 협동하여 대상지를 개선하자? ⇒(초기) 주부들: 우리가 할 수 있겠는가? ⇒(후기) 이 벽을 고쳤으면 좋겠다. 같이 하자.
정당성 (legitimacy)	발언은 규범적 맥락 속에서 정당한가?	③ 전문가: (행정에게) 행정이 단독으로 하는 것은 정당하지 못하다. 같이 파트너십을 형성하여 진행하자? ⇒행정: 그럴 필요가 없다. 번거롭다. 관례적으로 시설물을 대체하겠다.
		④ 일부 주민들: 이곳에 의자가 필요한가? ⇒의자가 있으면 늦게까지 주민들이 모여 있을 것이고 바로 인접한 주택 사람들에게 방해가 될 것이므로 옳지 않다.
진실성 (truth)	말하는 이의 주관적 표현이 진실한가?	⑤ 전문가: 주민들이 생각하는 대상지 환경 개선방안에는 무엇이 있는가? ⇒마을 주민들: 주택의 외벽이 경관상 불량하고 개선이 필요하다.
진실성 (truth)	말하는 이의 주관적 표현이 진실한가?	⑥ 전문가: 벽화와 환경 조형물이 주변과 어울리는가? ⇒일부 주민: 어울린다. 특히, 어린이들이 그린 그림으로 벽화를 만드는 게 마음에 든다. ⇒시공 후 일부 주민: 멋은 나는데 환경 조형물은 실용적 가치가 없다.

주: 음영이 들어간 곳은 타당성 요구와 주장이 무시되는 등 서로에게 근거 있게 받아들여지지 않은 경우라 할 수 있다.

■ **상호작용 활성화에 대한 노력은 적합하였는가**

금호동 사례의 경우 대상지의 주 이용자가 어린이인 만큼 어린이들을 대상으로 인식답사와 필드 디자인 게임, 아트워크숍 등 다양한 주민 참여 기법을 실시하였다. 특히, 필드 디자인 게임과 아트워크숍은 시공과 설계안 작성에 주민들을 직접 참여시키는 것으로 다른 사례에서는 사용하지 않는 방식이었다. 그러나 필드 디자인 게임은 시설물 설치에만 머물고 아트워크숍은 전문가가 제시한 틀에서 이루어져 집단적 창의성을 이끌어 내거나 미적 취향에 대한 공통감 형성에는 역부족이었다. 성인들의 의견을 적극적으로 끌어내지 못한 것도 한계이다. 이에 시공 후 조형물의 실용적 가치에 대한 의구심이 나타나게 되었다.

〈표 4-15〉 금호동 주민 참여 기법을 통해 본 상호작용 활성화에 대한 노력의 적합성

구분	내용
주민에게 정보를 전달하는 방법	• 전문가, 주민 리더, 중심 집단이 구술로 전달 • 매스미디어의 활용
주민에게서 정보를 얻는 방법	• 설문조사 • 면담조사 • 사진조사
프로젝트 실행에 주민 참여시키기	• 필드 디자인 게임 • 아트 워크숍 • 디자인 평가

■ **어떠한 효과를 지니는가**

진행 과정상에 나타난 의의는 대상지 자체가 공론장인 곳인 만큼 다른 사례들에 비해 주민들 간의 의사소통이 가장 왕성하게 이루어졌다는 데 있다. 본서의 앞에서 주민들의 관심 변화에 따라 참여 범위와 방식이 바뀐다고 이론적으로 제시했는데 본 사례에서

직접적으로 확인할 수 있다. 대상지에서 낮 시간의 대부분을 보내는 주부들은 자신들의 의견 반영에 자신 없어 하거나 의구심을 품었으나 전문가와의 접촉이 잦아지면서 자신감과 믿음을 갖게 되었고 중심 집단이 형성되었다.

그리고 행정에 비해서 전문가들은 일상에 근접하여 대상지의 문제를 보려 하였으며 총체적인 해결을 시도하였다는 데서 두 번째 의의를 찾을 수 있을 것이다. 행정은 대상지의 문제를 휴식공간의 개선에만 두었다면 전문가 집단은 휴식공간 개선 외에 주차장 내 어린이 놀이와 주차의 대립 또한 중요한 문제로 보았다. 비록 주차문제가 완벽하게 해결되지는 않았지만, 주민들은 대부분 결과에 만족하고 있었고 마을 어린이들의 그림으로 제작한 벽화를 가장 선호하고 있었다. 사소한 것이지만 바닥에 그린 어린이들의 그림은 호응이 높았고 놀이방법을 모르는 어린이들에게 어른들이 놀이 방법을 알려 주고 있었다. 시공 후 이루어진 면담조사에서도 잘 나타난다.

"저거 바닥에 그려 놓은 것 애들이 많이 좋아해요. 여기가 애들 사이에서 유명해져서 애들이 멀리서도 와요(38세의 한 아주머니)."

다음은 관리와 주민 스스로 시설물을 첨가하고 있는 데서 의의를 찾을 수 있는데 공공성의 증진과 사회교육의 효과라 할 수 있다. 환경 조형물의 일부분이 떨어져 나갔는데 한 주민이 보관하고 있다가 대상지를 방문한 본 연구자에게 전달해 주었다. 그리고 주민들은 경비가 들지 않는 한에서 스스로 대상지를 변화시키고 있었다. 할머니들과 함께 벤치 설치를 논의하였으나 무산되었던 자리에는 주민들 스스로가 벤치를 놓았다. 마을 주민이 직접 제작했다고 한다.

"동네 주민이 놓았어요. 동네 한 아저씨가 동네 할머니들 놀라고. 저거 재활용 의자예요. 누가 침대를 버렸는데 그 나무로 만든 거야(34세의 아주머니)."

그리고 2003년 시공 시 개·보수하고 칠을 하였던 벽에는 한 아주머니가 사비를 들여 선반을 설치하고 화분을 놓았다.

"노인네들 놀면서 꽃 보고 즐거우라고. 집안에서 안 좋은 일 있다고 해도 꽃 보면 즐겁잖아. 그래서 내가 갖다 놓은 거야. 벽이 깨끗해졌는데 허전하니까. 노인네들을 위해서. 노인네들이 여기 많이 앉아서 놀거든."

왼쪽 사진은 주민이 직접 선반을 달고 화분을 놓은 것이며, 오른쪽 사진은 주민들이 직접 만들어서 설치한 의자이다.

〈사진 4-27〉 금호동 사례 관리 현황

(3) 2009년 현재

금호동 한평공원도 옥수동 사례와 같이 큰 변화를 겪지 않았다. 다만 2003년 당시 설치한 철제 조형물의 한 부분이 떨어져 나가고

녹슬어 정비가 필요한 상황이다. 그러나 벽화며 구청에서 놓은 운동시설 같은 다른 시설물은 그대로 있고, 낙서도 그리 심하지는 않았다. 어린이들이 노는 곳임을 암시하는 주차장 바닥의 그림 등은 손상되었지만 식별은 가능하며, 이곳을 이용하는 자동차 운전자는 이 그림이 그려진 후 아이들의 존재에 대해 알게 되었다고 한다. 하지만 아이들이 노는 것을 고려해 주차하지는 않는다고 했다. 바닥 포장이 운전자들의 주차 방식을 바꾸지는 못한 듯하다. 이곳은 화단이 없이 특별히 주민들의 관리가 필요하지는 않고 청소도 구청에서 하고 있어 관리에 있어서 주민 참여는 없다. 휴식공간은 주민들의 휴식과 운동공간으로 다양하게 이용되고 있다.

주

1) "우리 시대의 운명은 합리화의 지성화, 그리고 무엇보다도 '세상에 대한 환멸'을 그 특징으로 한다. 궁극적이며 가장 고상한 가치들은 우리 공공의 삶으로부터 퇴보해서 신비적 삶의 초월적 영역이나 직접적이며 개인적 삶의 경계 너머로 옮아가 버렸다." Max Weber, "Science as a Vocation", in *From Max Weber: Essays in Sociology*, eds. H. H. Gerth and C. W. Mills(New York: Oxford University Press, 1946), p.155. 김영민, 『진리·일리·무리』(서울: 철학과 현실사, 1999), pp.11 - 12에서 재인용.

2) 목표, 수단, 부수적 결과를 모두 고려·평가하면서 이루어진 행위는 목적 합리적이며 이때 행위자는 행위가 낳을 수 있는 가능한 결과들을 목적 달성에 적합한 수단의 계산이란 관점에서 평가한다. 반면 기독교인이 오직 올바르게 행위 할 뿐 그 결과는 신에게 맡기는 경우처럼, 결과와 상관없이 절대적 가치에 대한 믿음에 의해 행위가 결정될 때 이를 가치 합리적이라 한다. Max Weber, *Geammelte Politische Schriften*(J. C. B. Mohr, 1971), p.551. 선우현, "근대성에 대한 반성적 통찰", 장춘익 외, 『하버마스의 사상』(서울: 나남 출판, 2000), p.382에서 재인용. 이러한 행위이론적 차원에서 도출된 목적/가치 합리성은 사회구조의 분석 과정에서 형식적/실질적 합리성의 구분으로 정립된다. 전자는 수단과 절차의 계산 가능성과 관련되며, 후자는 주로 목적이나 결과에 관한 가치를 논한다.

3) Max Horkheimer and Theodor W. Adorno, *Dialektik der Aufklärung: Philosophicla Fragmente*, 김유동 외 역, 『계몽의 변증법』(서울: 문예출판사, 1995), pp.45 - 66.

4) 2004년 현재 우리나라 근린공원의 구분은 근린생활권, 도보권, 도시계획구역권, 광역권으로 나뉜다.

5) 브라이언트 파크(Bryant Park)가 이에 대한 하나의 예가 될 것이다. 쥬킨은 브라이언트 파크(Bryant Park) 사례에서 공원 설계가 어떻게 홈리스나 마약 복용자 같은 부적절한 이용자들을 배제시키고 중상층들만을 유치시키는지 설명하였다. 공원 주변의 벽을 낮추어 도로와의 폐쇄성을 없앴다. 또한 매력적인 설계 요소를 도입하면 부적절한 이용자들을 배제시킬 수 있다는 화이트(William H. Whyte)의 연구 결과에 따라 공원 내 산뜻한 녹색 의자를 배치하였다. Sharon Zukin, *The Cultures of Cities*(Cambridge: Blackwell, 1995), pp.24 - 48.

6) 다비도프(Paul Davidoff)가 주장한 옹호적 계획은 1960년대 미국의 법조계에서 형성된 피해구제 절차(adversary procedures)와 같은 사회제도를 계획 개념으로 수용하는 것이라고 할 수 있다. 대한국토도시계획학회 편저, 『도시계획론』(서울: 보성각, 2003), p.119.

7) 코메리오(Mary Comerio)는 커뮤니티디자인(community design)과 기존 전문가 실천과의 차이점을 다음과 같은 기준에 따라 구분한다.
   - 커뮤니티디자인은 물리적 환경의 형태가 아니라 고객의 형태에 초점을 둔다.
   - 최종 결과물을 명확하게 규정하고 시작하는 것이 아니며 커뮤니티디자인은 문제를 해결하는 다양한 작업을 요구한다.
   - 커뮤니티디자인 문제들은 일반대중(grassroots)과 아래에서 - 위 과정(bottom - up process)에 의해 생성된다.
   - 커뮤니티디자인은 권력인양의 원칙(principles of empowerment)과 가능한 결과물을 결합한다. Mary Comerio, "Community Design: Idealism and Entrepreneurship", *Journal of Architecture and Planning Research* 1, 1984, p.237.

8) 이에, 1965년 시작된 AIP(American Institute of Planners)에서는 1967년 자신들의 역할을 단지 물리적 계획뿐만 아니라 사회적이고 정치적이면서 환경적인 주제까지 고려해야 한다는 요지로 성명서를 수정하였고 1967년 AIA(American Institute of Architecture)는 지역의 특정 문제와 해결방안을 고민하는 R/UDATs(Regional/Urban Design Assistance Teams)

를 구성하였다. Nan Ellin, *Postmodern Urbanism*(Cambridge: Blackwell, 1995), pp.48
- 49.
9) 헬프린은 활기를 주는 사람들 없이 경관은 완성될 수 없다는 견해를 갖고 거칠고, 도전적이
고, 에너지가 넘치는 1960년대 미국 사회에서 다양한 시도를 하였다. 그는 5차례의
Workshop을 열었는데 사람과 환경의 원형적인 관계를 연구하기 위해 고안한 네 번의 워크
숍과 한 번의 전문가 워크숍이다. Henry T. Hopkins, ed., *Lawrence Halprin: Changing
Places*(San Francisco: San Francisco Museum Art, 1986), pp.132 - 137.
10) 그는 노스캐롤라이나 대학(North Carolina State University)에서 조경과 사회학을 동시에
전공하는 등 조경과 사회적 관계에 관심이 많았다. 1969년 하버드 대학의 디자인 스쿨
(Graduate School of Design) 졸업 후 사사키 어소시에이트(Sasaki Associates)에 입사
라는 요구도 거절하고 케임브리지에서 저소득층의 근린주구를 통과하는 고속도로 건설에
반대하는 사업에 참여하였다. J. William Thompson, "Hester's Progress", *Landscape
Architecture*, 86(4), 1986, pp.75 - 79.
11) Old Penn WPLP 홈페이지: http://web.mit.edu/wplp/home.htm.
12) MIT대학으로 자리를 옮긴 스펀은 2000년부터는 MIT대학을 기점으로 하는 'New MIT
WPLP'를 진행하고 있다. New MIT WPLP 홈페이지:
http://web.mit.edu/4.243j/www/wplp/.
13) Edward Relph, *Place and Placelessness*(London: Pion, 1976), p.64.
이규목은 authentic이란 단어를 '진솔한'으로 번역하면서 겉과 속이 다르지 않고 그 깊이에
까지 진짜이며, 잡것이 섞이지 않고 위선이 없으며 그 스스로 정직한 것이라고 정의한다.
"인간과 환경의 관계에 대한 현상학적 접근방법연구", 『대한건축학회논문집』4(1), 1988.
반면 최병두는 '진정한'이라 번역하고 있다. "자본주의 사회에서 장소성의 상실과 복원", 『도
시연구』 8호, 2000. 본 연구에서는 이규목을 따라 '진솔한'으로 번역하였다.
14) Jürgen Habermas, "Modern and Postmodern Architecture", in *Critical Theory and
Public Life*, ed. John Forester(Massachusetts: MIT Press, 1988), p.326. 이 글은
원래 1981년 12월 있었던 전시 "The Other Tradition: Architecture in Munich from
1800 to the Present"에서 발표되었던 글이다.
15) 김한배, "실증적 환경 - 형태연구의 허와 실: 달과 손가락", 『한국조경학회지』 21(4),
1994, pp.153 - 156. 최재필도 이와 비슷한 주장을 펼쳤다. 그는 환경 행태 연구에서 과
학적으로 수집된 자료에 의한 객관적이고 체계적인 분석 연구 결과가 실제 설계에 활용되
지 못하는 것을 '초콜릿의 비밀'에 비유한다. 초콜릿 성분을 분석한다고 해서 초콜릿을 만
들어 낼 수는 없다는 것이다. 최재필, "환경 - 행태 연구 학도의 고백", 『한국조경학회지』
21(4), 1994, pp.166 - 170.
16) PPS(Project for Public Spaces)는 사람들의 도시공간에서의 행태를 관찰하여 정리한
"The Social Life of Small Urban Spaces"의 저자인 윌리엄 화이트(William H.)가
1975년에 설립한 비영리단체다. PPS에서는 지난 30여 년간 실전에서 얻은 장소만들기에
대한 전략을 공유하기 위해 매년 워크숍을 열고 교육 프로그램을 진행하며 관련 책들을 펴
내고 있다. PPS의 홈페이지: http://pps.org.
17) Jürgen Habermas, "근대성 - 미완성의 프로젝트", 이기우 역, 『포스트모던 문화』(서울:
신아출판사, 1985), pp.23 - 44. 이글은 원래 1980년 하버마스가 프랑크푸르트 시로부터
아도르상을 받았을 때 구두로 발표한 것이다. 그 후, 1981년 3월에 뉴욕 대학에서 한 인
문과학협회의 강의에서도 발표되었으며 "Modernity Vernus Postmodernity" in *New
German Critique 22*, Winter, 1981.로 발표되었다.
18) Jürgen Habermas, *Theorie des Kommunikativen Handelns*, 서규환 외 역, 『소통행위
이론 1』(서울: 의암출판, 1995), pp.372 - 375.

19) 이와 같은 의식 철학적 모델은 관념론적인 인식이론과 자연주의적인 행위이론의 근본개념들을 결합하고 있다. 이 모델에 따르면, "주체의 이성은 주체가 가능한 객체에 대하여 가질 수 있는 두 가지 근본적인 관계를 정확히 조정한다. 주체철학은 존재하는 것으로 표상되는 모든 것을 객체로 이해하며, 세계 내의 그 같은 실재에 대하여 객관화하는 태도로 관계를 맺고 그 같은 대상들을 이론적으로든 실천적으로든 장악하는 능력을 우선 주체로 이해한다. 정신의 두 가지 속성은 표상과 행위이다. 주체는 객체에 대하여 객체가 있는 대로 표상하거나 객체가 있어야만 하는 대로 산출함으로써 관계를 맺는다. Ibid., p.434.

20) 프래그머티즘은 19세기 말부터 20세기 초에 미국을 중심으로 형성된 철학으로, 퍼스(Charles S. Peirce, 1839~1914), 제임스(William James,1842~1910), 듀이(John Dewy, 1859~1952) 등에 의해 발전했다. 미국은 19세기에 들어와 정치적 민주주의가 발전하는 한편 서부개척과 멕시코 전쟁 등을 통해 영토를 넓혀 갔으며, 점차 산업화 사회로 진입했다. 노예제도의 폐지 문제를 둘러싼 1861년부터의 4년간에 걸친 남북전쟁은 남부의 농업 세력에 대한 북부 산업화 세력의 승리로 끝났으며, 그 이후 국가적 통합이 가속화되고 급속한 산업화의 물결이 미국의 국력을 빠르게 신장시켰다. 이때쯤 프래그머티즘이 태동하였다.
프래그머티즘의 전반적인 성격은 사상적으로 볼 때 영국의 경험론과 공리주의적인 전통을 계승·발전시키는 한편 대륙의 합리론이나 독일의 관념론 등에 대한 비판적 수용의 자세도 취하면서 세계와 경험과 진리 등에 대한 새로운 안목의 체계를 정립하여 독자적인 사상을 형성한 것이라고 할 수 있다. 그것은 19세기 다윈의 진화론을 대표로 하는 생물학과 신생의 학문으로 발전하였던 심리학 등 과학적 성과에 지대한 영향을 받았다. 그래서 프래그머티즘은 대체로 자연주의적인 성향을 기조로 하였다. 미국인들의 청교도 정신을 계승하면서도 새로이 발전한 산업사회의 요구를 수용하고자 하는 사상이었으며, 초월적이기보다는 매우 일상적이며 현실 중심적 관점을 중시하는 사상이다. 김동식, 『프래그머티즘』(서울: 아카넷, 2002), pp.1-60.

21) 하버마스는 스스로 다양한 측면에서 프래그머티즘의 영향을 받았다고 밝히고 있는데 퍼스의 분석방식, 미드의 상징적 상호작용에 대한 이론, 듀이의 민주주의에 대한 견해 등이다. 먼저, 퍼스의 분석 방식의 영향을 보자. 하버마스는 퍼스의 분석 방식은 지식의 형태와 행위 유형 간의 내적인 연관성에 대한 설명에 적당하며, 이는 논리적 경험주의자들에 반하는 것인데 그들의 의미론적 범위에 대한 강조가 갖는 한계를 극복한 것으로 보았다. 그리고 퍼스에게 있어서 합리성과 이해는 연구자들의 공동작용연구 활동에서 구축된 것이었다. 하버마스는 이러한 퍼스의 접근을 칸트와 다윈 간의 화해로 보았다. 행리성선험적 그리고 진화적 관점 간의 화해라는 것이다.
두 번째 영향은 미드의 사회적 상호작용에 대한 연구이다. 하버마스는 미드의 제자들이 후에 '상징적 상호작용'이라고 부미드개념적 틀이 그 대 의사소통행위론'으로 나아가는 데 가이드의 역할을 했다고 고백강조가 밎드의 이론은 비판적 사회이론 극헵겔리안 마르크시즘 대한퐈석학의 전통 방법리성언어·소통적 경험적 개념 두 가지와 연결시켰다고 본조가 또한 미드의 상호적인 '입장-수용(p 반하p 넓 것에 -tak것n잃론은에서 윤리적 암시를 발견했다고 강조가 갖리고 마지막으로 프래그머티즘의 정치적 이론은 민주주의와 헌법적 국가에 대한 그의 사고 형성에 중요한 역할을 하였다. 하버마스는 존 듀이의 "Public 백강d 넱 s Problems(19본조가"은 그의 저서 중 하나인 "공공영역의 구조적 변동(1962)"에 대한 주요한 원천이라고 밝히고 있다. H백b 반m백s, J., "P왯연구scri앰구" 것n H백b 반m 백s 백강d Pra잃항는 것 항, 겝ds. M것tch겝공동듶의 u꿁닑고 흵, Myra주주쳊쳊잇항는n 백강d 끝는 h 반것ne Kemp(London and New York: ROUTLEDGE, 2002), pp.223-233.

22) Jürgen Habermas, *Nachmetaphhsischens Denken*(Frankfurt a. M.: Suhrkamp,

    1988), p.211. 선우현, 위의 책, p.141에서 재인용.

23) Jürgen Habermas, *Vostudien und Engänzungene zur Theorie des kommunikative Handelns*(Frankfurt a. M.: Suhrkamp, 1984), pp.604 - 605. 선우현, 1999, 앞의 책, p.150에서 재인용.

24) 점진적 계획의 특성은 다음과 같다. 1) 목표(goals), 가치(values)를 명백히 할 필요가 없고 또한 이들을 우선순위에 따라 나열할 필요가 없다. 단지 현재의 문제를 기술한다. 2) 주로 문제를 제거하는 데 중점을 둔다. 이 경우 종합적이고 이론적인 방법으로 대안을 찾는 것이 아니라 문제가 발생할 때마다 점차적으로 과거의 경험에 따라 수단을 강구한다. 3) 한 번에 문제 전체를 해결하려 하지 않고 계속해서 대책을 강구한다. 따라서 여러 가지의 대안이 분산된 형태로 계속하여 일어나게 하면서 문제를 제거한다. 김영모, 앞의 책, pp.55 - 63.

25) 그녀에 따르면 소통적 계획 과정에서 1. 정보는 증거로서 사용되기보다는 이해의 과정 속에서 필요에 따라 첨부된 것이며 2. 정보가 생산되고 동의되는 과정은 매우 중요하고 참여자들 간의 토론과 정보에 대한 의미들을 공유하는 사회적 과정이 필요하며 3. '객관적' 정보 이상의 여러 형태의 정보가 필요하다. 예로서, 샌프란시스코에서는 큰 강의 어귀(estuary) 대한 운영 계획을 세우기 위해서 5년간의 합의 과정을 가졌다. 개발 이해자들, 농부, 물 관련 공무원들, 환경주의자들을 비롯하여 15명의 관련된 사람들이 운영회를 조직하여 참가하였다. 그리고 그5명래에는 과학자들과 기술자들이 모두가 동의할 수 있는 수질 측정 지표를 개발하도록 조직되었다. 그들은 염분의 양을 수질 측정 지표로 사용하는 데 거의 동의가 이루어졌다. 염분은 내포의 종 다양성을 나타내는 지표로서 특정한 오염을 측정하는 지표들을 대신하여 채택되었다. 이것은 내포의 물을 농업과 도시 개발에 사용해 왔던 정부와 캘리포니아 물 정책에 대한 도전이었다. 비록, 위원회는 내포에 필요한 물 양에 대한 결정을 내리을 측었지만, 물의 질을 측정하는 지표로서 종 다양성을 채택함으로써 농업용으로 쓰이는 물의 양을 줄일 것을 결정했다. 과학자들과 여러 이해자들 간의 양을 수질은 물의 질에 대한 의미를 바꾸어 놓았고, 정책이 나아가야 할 바에 대한 공통된 인식을 새롭게 하였다. 또, 다른 예는 오렌 주에서는, 협의체는 위협을 받고 있는 종 보전에 대한는 와 개발 압력 간의 교착 상태를 끝내기 위해서 '자연 커뮤니티 보전 계획(Natural Commun 있는es Conservation Plan압력을 만들려고 하였고 이를 위해 자문을 구할 수 있는 독립적인 과학자들을 고용했다. 과학자들에게 주요 정보에 동의하도록 는 지였고 과학자들은 개발은 허락하되, 야생동물 이동 통로를 보호하기 위한 토들을이용 원칙들과 가이드라인을 발표하였다. 협의체는 이를 받아 들였고 환경주의자들과 개발자들 간의 싸움은 종식되었다. 위의 사례들에서 볼 수 있는 것은 정보가 완성된 형태로 주어진 후 최종 결정이 이루어졌기보다는, 정보를 만들고 동의하는 과정 속에서 결정이 이루어졌다는 것이다. Judith E. Innes, "Information in Communicative Planning", *Journal of the American Planning Association* 64, 1998, pp.52 - 63.

26) 독일어 öffentlichkeit의 우리말 번역어이다. 현재 우리나라 연구자들에 의해 '공론영역', '공공영역', '공론장', '공중영역', '공공성', '여론형성기제' 등으로 옮겨지고 있다. '공공영역'이라는 용어가 가장 많이 사용되나 본 연구에서는 한승완을 따라 '공론장'이라는 역어를 선택했다. 영역으로는 public realm, public sphere이다. 자세한 설명은 다음 책을 참조. Jürgen Habermas, Strukturwandel der öffentlichkeit: Untersuchungen zu einer Kategorie der Bürgerlichen Gesellschaft, 한승완 역, 『공론장의 구조변동』(서울: 나남출판, 1990), pp.13 - 14.

27) 이석환은 장소만들기의 4가지 유형과 장소만들기의 주체를 다음과 같이 정리하고 있다. 그에게 물리적 환경을 변화시키거나 새롭게 만드는 데 있어서 주체는 전문가이다. 이석환, 「도시가로의 장소적 연구」, 서울대학교 박사학위논문, 1998, p.53.

유형	유형별 내용	주체	사례
유형 1	기존의 환경이나 어떤 대상을 이용하는 활동을 통해 그곳을 하나의 장소로 만드는 행위	개인/집단	아이들의 소꿉장난/도서관 앞의 우유팩 차기/잔디밭의 공연/마로니에 공원 내의 다양한 활동
유형 2	기존의 환경이나 대상을 새로운 물리적 환경으로 변화시켜 하나의 장소를 만드는 행위	개인/집단	실내공간의 재배치/울타리 치기/서울 성곽의 축성
		전문가	전문 시공업자의 시공/대학로의 도시설계 시행
유형 3	주어진 환경이나 대상을 인식하고 이해함으로써 하나의 심리적 장소를 만드는 행위	개인	어린 시절 살던 고향을 그리워함/어떤 곳에서 편안함을 느낌/학림다방 이용자가 느끼는 감정
유형 4	새로운 장소를 만들기 위하여 의도적으로 계획하고 설계하는 행위	전문가	도시계획 및 도시설계 행위/조경설계 행위/건축설계 및 인테리어 설계 행위/대학로의 도시설계

28) D. Seamon, "A Phenomenology of Lifeworld and Place", *Phenomenology + Pedagogy* vol.2(2), 1984, pp.13 - 135. 또한 최병두는 장소를 범주화하였을 때 장소는 하버마스의 생활세계에 상응한다고 본다. 최병두, 자본주의 사회에서 장소성의 상실과 복원, 『도시연구』 8호, 2002, pp.253 - 278.

29) 그 외에도(일반적으로 받아들여지는 내러티브에 대한) 반대의 내러티브(counter narratives), 지속될 토론을 위해 장소를 남겨 두기(leaving space for ongoing discourse) 등이 더 있다. Mattehew Potteiger and Jamie Purinton, *Landscape Narratives: Design Practices for Telling Stories*(New York: John Wiley & Sons, Inc, 1998), pp.187 - 207.

30) '공통감(sensus communis)'이란 칸트가 제시하는 것으로 한마디로 미적 판단 혹은 예술 체험은 우리 모두가 나눠 갖고 있는 어떤 공통적인 심리구조에 바탕을 두고 있어 보편성을 띠며, 따라서 타인에게 전달하여 이해시킬 수 있다는 것이다. 김남시, 「예술의 소통적 성격에 대한 연구」, 서울대학교 대학원 석사학위논문, 1999, pp.80 - 92.

31) 여기서 페릭의 "공통감과 의사소통: 미에 대해 논의할 수 있는가?"를 떠올릴 수 있다. 페릭은 이에 대해 "아름다운 대상이 순순히 주관적인 것으로 생각되고, 또 그것이 취미라고 하는 이 파악 곤란한 능력만으로 이해되는 것이라면, 예술작품이나 자연의 미에 대하여 도대체 어떻게 일반적인 합의가 이루어질 수 있을 것인가? 그렇지만 또한 아름다운 풍경, 호머와 셰익스피어의 작품, 이탈리아 화가들의 그림 등은 많은 사람들이 애호하고 있는 것이다."라는 답을 한다. 그리고 그는 이러한 상호 주관성에 대한 논의가 특히 '미학'을 통해 등장하는 것은 취미나 주관적 체험의 영역이야말로 주체들 사이의 '차이'가 가장 분명하게 드러나는 곳이나, 그 차이에도 불구하고 체험의 상호 주관적 동의에의 요구가 가장 강하게 드러나는 곳이기 때문이다. 곧 미학의 영역은 개인과 공동체, 주관과 객관 사이의 긴장이 가장 심화되는 곳이다. 이러한 관점에서 근대 미학의 논의 속에서 상호 주관성을 형성하려는 시도를 발견할 수 있다. "어떻게 개체의 의지 위에 기초하여 공동체를 세울 수 있는가?"라는 근대 정치 이론의 과제와 "어떻게 주체의 표상에 근거하여 객관성을 기초 지을 수 있는가?" 하는 지식 이론의 과제는 근대 미학의 영역에서는 어떻게 주관인 취미판단이 객관적이고 보편적일 수 있는가?"라는 질문으로 표현되게 된 것이다. Luc Ferry, *Homo Aesthetics*, 방미경 역, 『미학적 인간』(서울: 고려원, 1990), pp.1 - 37.

32) 이는 옴스테드의 기획과도 연결된다 할 수 있다. 조경진은 옴스테드의 공원은 사회개혁과

변혁의 의지를 담는 차원으로 확장시켰다고 보면서 디자인을 통한 현실 개조의 의미를 표
명했다는 점은 아직도 본받을 만한 점이라고 본다. 조경진, 2002, 앞의 글.

33) 예술과 자애의 마을 홈페이지: http://www.villagearts.org/m_about_us.html.

34) 유럽연합(European Union)과 국제적 로터리, 개인 후원자들과 자선 재단의 지원을 받아
운영되는 연합 트러스트 그라운드워크는 1980년 머지사이드(Merseyside) 주에서 처음 시
작되었으나 현재는 영국, 웨일스, 북아일랜드에 모두 45개 트러스트가 있다. 그라운드워크
의 목적은 '연합 환경 활동을 통해서 지속적인 지역사회를 건설'하는 것이다. 그라운드워크
는 매년 높은 실업률과 범죄, 취약한 위생, 낙후된 집과 공공공간, 소외된 소비 분야와 어
려운 사업체들로 인해 쇠락해진 지역사회를 대상으로 몇천 개의 프로젝트를 수행하고 있다.
그라운드워크의 전신은 지방 위원회(Countryside Commission)가 이끌었던 UFEX(Urban
Fringe Experiment)로 이 단체의 목적은 쇠락하고 있는 도시 변두리 지역들에 대해 새로
운 물리적 환경 개선 메커니즘을 테스트하는 것이었다. 영국의 그라운드워크 홈페이지:
www.groundwork.org.uk.

35) 파트너십에 대한 영국의 사례는 다음과 같이 이미 발표된 논문을 수정 보완한 것이다. Yun
-Geum Kim, Maggie Roe(2008), The Role of Friends Groups in the
Development and Management of Parks, Landscape Review(International Journal)
12(2), pp.32 - 49.

36) 과거에도 역병이나 자연적 재해 등 위험은 존재하였다. 그러나 과거의 위험은 물질적 부족
(material scarcity)에서 온 것이라면 근대의 위험은 풍요로운 삶을 원하는 생산물의 과잉에
서 오는 것이다. 그리고 사회가 더욱 복잡해져 위험을 예측하기 불가능해지고 사회 전체가
실험실이 된다. 그러나 벡(Beck)에게 있어서 이러한 위험사회는 직면한 위험에 성찰할 수
있는 또는 성찰하는 사회이기도 하다. 왜냐하면 그러한 사회는 문제를 인식하고 관습적인
것을 다시 한 번 시험하고 지배적인 사고구조나 행위양식들과 생활형태 등을 다시 물어보
게 만들기 때문이다. 그리고 이것이 벡이 주장하는 성찰적 근대성이다. Ulrich Beck, et al.
Ecological Politics in an Age of Risk(London: Plity Press, 1995).

37) Donald A. Schön, 1983. op. cit. pp.348 - 349.

38) Ian H. Thompson, Ecology, Community and Delight (London: E&FNSPON, 1999),
p.106.

39) Maggie H Roe & Maisie Rowe, "Community and the Landscape Professional", in
Landscape and Substantiality, eds. John F. Benson and Maggie H. Roe(London:
SPON PRESS, 2000), p.240.

40) Maisie Rowe and Andy Wales, Changing Estates: A Facilitator's Guide to Making
Community Environment Projects Work(London: Groundwork Hackney, 1999),
p.6.

41) 이는 포레스터가 촉진자로서의 계획가에 대해 언급한 것이나 계획가를 조경가로 대체할 수
있을 것이다. Forester, The Deliberative Practitioner(Massachusetts: The Mit Press,
2001), p.77.

42) 다음의 글에 발표되었었다. 김연금(2006), 조경에 있어서 대화의 중요성, 국토 299권.
pp.81 - 59.

43) 아래의 글은 2006년 9월 '환경과 조경'이라는 잡지에 실린 글로 전문가가 환경 디자인 과
정 속에서 어떻게 대화를 하고 있는지를 볼 수 있다. 이 글에는 전문가인 조경회사
'Southern Green'의 대표 사이몬 그린(Simon Green)과 조경회사 'Northern
Environment Workshop'의 대표 미클 홀과의 인터뷰 내용이 담겨 있다.

44) J. Austin, How to Do Things With Words(New York: Oxford University Press,
1965). John Forester, "Understanding Planning Practice: An Empirical, Practical

and Normative Account", *Journal of Planning, Education and Association* 1(2), 1982, p.63 에서 재인용.

45) 오스틴에 따르면 말은 세 가지의 힘을 가진다. 어구적 힘, 발화수반적 힘, 초어구적 힘이다. 어구적 힘은 '내일은 비가 올 것이다.' 같은 진술이다. 발화수반적 힘은 호소, 명령 등의 의도를 갖고 있다. 그러나 무조건적으로 동조시키려고 하는 것은 아니며 무의식적이다. 초어구적 힘은 자신의 행동에 동조시키려고 하는 것이며 의도가 있다. 모든 언어는 발화수반적 힘을 가지고 있다. 그러므로 이해 지향적 행위를 할 수밖에 없다. 언어행위를 통해 타당성 요구가 제기되고, 그것을 승인하는 과정은 우연적인 의지의 표현이나 경험적으로 동기 지어진 결정에 의한 것이 아니라, 발화수반적 힘에 내재된 구속력에 의한 것이다. J. Austin, *How to Do Things With Words*(New York: Oxford University Press, 1965), pp.320, 331 – 332. Jürgen Habermas, 1995, op. cit., pp.326 – 333에서 재인용.

46) 예는 김재현이 자신의 글(김재현(2000) "하버마스의 사상의 형성과 발전", 장춘익 외 (2000), 『하버마스의 사상』, 서울: 나남출판, pp.1 – 33.)에서 제시한 것을 일부 수정한 것이다.

47) 다음과 같이 발표되었던 논문을 부분적으로 인용했다. 김연금·이규목(2004), 서울시청 앞 광장조성 관련 공론장에서의 의사소통에 대한 비판적 검토, 한국조경학회지 32(5), pp.11 – 22.

48) 그러나 포레스터는 프래그머티즘만으로는 한계를 갖고 있다고 보았다. 왜냐하면 거대 수준의 정치적 고려는 무시하고 행태적 차원(behavioral level)에 머물러 있기 때문이다. John Forester, "Question and Organizing Attention: Toward a Critical Theory of Planning Administrative Practice", *Administration and Society*, 13, 1981, pp.161 – 205. 이에 대해서 이성우와 여상일은 비판이론의 계획이론 적용에 있어서 초월적 이성에 대한 믿음의 한계를 지적하고 역사성과 지역성이 중요시되는 계획의 특성상 근대적 이성의 재추구에 그 연원을 두고 있는 비판이론에서 계획의 합리성을 추구하는 것보다는 사회변혁의 탄력적 대응성을 담보로 하는 프래그머티즘에 대한 고려가 계획이론의 발전에 필요하다고 주장한다. 이성우와 여상일, "Critical Theory & Pragmatism in Planning Practice: Paradoxical Red – Herring or Orthdoxical Experience", 『지역사회개발연구』 24(2), 1999, pp.189 – 208.

49) 다윈(C. Darwin)의 진화론의 영향을 받은 프래그머티즘은 지식에 관한 견해에서도 변화를 수용할 수 있는 독특한 진리설을 정립하고자 하였다. 자연 종의 변화는 그것에 대한 지식의 변화를 함축한다는 것은 분명하기 때문이다. 프래그머티즘에서는 진리라는 개념 자체에 대한 정의나 기준의 설정이 중요한 것이 아니라 어떻게 진리인 관념이나 앎을 얻는가가 더 관심의 초점에 놓이게 된다. Samuel Morris Eames, *Pragmatic Naturalism*, 조성술과 노양진 역, 『실용주의』(광주: 전남대학교 출판부, 1999), pp.37 – 46.

50) Jonathan H. Turner, *The Structure of Sociological Theory*, 정태환 외 역, 『현대사회학 이론』(서울: 나남출판, 2001), pp.452 – 453.

51) Luc Ferry & Alain Renaut, *La Pensée 68*, 구교찬 외 역, 『68사상과 현대 프랑스 철학』(서울: 인간사랑, 1993), p.367.

52) 이를테면 강의실의 학생들은 강의가 시작되는 순간에 조금 전과는 다르게 자세를 취하거나 옆 사람과의 대화를 중단함으로써 강의라는 사회질서의 구성에 참여한다. 그리고 강의가 끝나는 순간에 학생들은 각자의 신체를 다르게 위치시키는 단순한 행동에 의해서 이미 새로운 사회적 질서를 만들어 낸다. 동일한 공간에서 잠깐 사이에 사회질서는 발생했다가 다시 사라진다. 유주현, "생활세계와 합리성", 한국현상학회 편, 『문화와 생활세계』(서울: 철학과 현실사, 1999), pp.224 – 225.

53) 도로건설을 위한 기금 마련을 위해 도로 곳곳에 요금을 받는 곳을 설치하는 것. 유럽 지역

교통 정보 서비스: http://www.eltis.org/studies/leda17.htm.

54) 한겨레신문, 1999년 4월 1일.

55) 세 가지 질문의 원문은 다음과 같다. 1. Does that serve your needs? 2. Is this something that you can live with? 3. What is really burning you if you look at this sketch?

56) 햄디(Nabeel Hamdi)와 고덜트(Reinhard Goethert)는 커뮤티니 디자인에 있어서 주민 참여 기법 선정 시 고려해야 할 바를 13가지 제시하고 있다. Nabeel Hamdi & Reinhard Goethert, op. cit., p.71.

57) 이것은 미국의 커뮤니티디자인 센터 중의 하나인 NRF(Northwest Regional Facilitators)에서 제공하는 주민 참여 기법 가이드(public participation resource guide) 웹사이트에서 제시하는 커뮤니티디자인 기법 분류 기준을 따른 것이다. http://www.nrf.org/cpguide/.

58) 조남석, "도시 소공원 조성에서의 조경설계에 대한 소고(小考)", 『환경과 조경』 3월, 2002, pp.70 - 75.
문제는 이미 쌈지공원에서부터 시작되었다. 김한배는 하나의 '설계원형'들을 여러 곳의 지역여건에 맞추어 다소간 변형된 형태로 조성하여, 각 곳의 입지적, 주민적 맥락이 충분히 고려되지 못한 것을 지적한다. 김한배, "공원인가, 제3의 공간유형인가?", 『환경과 조경』 6, 1994, p.82.
홍형순과 김신원은 한 설계사무소에서 여러 개의 마을 마당을 한꺼번에 계획 설계하다 보니 해당 지역의 장소성, 지역성, 정체성에 대한 반영이 제대로 이루어지지 못하였다고 한계를 지적한다. 홍형순과 김신원, "조경사례비평 서울시내 주요 쌈지공원", 『환경과 조경』 7월호, 2000, pp.54 - 59.

59) 김한배는 쌈지공원에 설치된 '빨래터'나 '솟대형'의 구조물 등은 현재 주민들의 실제적인 생활 패턴이나 미적 취향 등을 감안하지 않은 설계가의 독선적, 복고적 취향이라고 지적하였다. 김한배, 1994, 앞의 글, p.83.

60) 동아일보, 19997년 1월 5일.

61) 조선일보, 1997년 8월 31일.

62) 신화 컨설팅, 『마을마당 조성 기본 및 실시설계』, 1996, pp.10 - 11.

63) 일본 세타가야구 마을만들기 센터의 주요 업무는 1. 주민 주체의 마을만들기 활동의 지원, 2.마을만들기 정보의 수집과 발신, 3. 마을만들기 학습 지원, 4. 구의 주민 참가형 마을만들기 지원, 5. 주민 주체의 시가지 만들기 활동의 지원, 6. 주민 참가의 시가지 만들기 활동의 지원, 7. 마을만들기의 조사·연구 등이다(세타가야구 마을만들기 센터 홈페이지: http://www.setagaya - udc.or.jp/machisen.).

64) 시민 녹화사업 지원: 서울시에서는 내년 봄에 각 마을에 심을 나무를 신청받고 있다. 담장을 헐고 생울타리를 조성하는 경우나 마을 빈터에 나무를 심고자 하는 경우, 나무와 꽃, 그리고 비료를 무료로 지원받을 수 있는데, 참여를 원하는 마을은 오는 17일까지 동사무소로 신청하면 된다. ▷ 신청: ~2002. 8. 17 해당 동사무소. ▷ 공급: 내년 4월 초순. http://www.metro.seoul.kr.

65) Henry Sanoff, Community Participation Methods in Design and Planning(New York: John Wiley&Sons, Inc. 2000), pp.22 - 23.

66) 2002년에 이어 2003년에도 서울시 녹색위원회의 서울시정 참여 프로젝트에서 제안서가 통과되어 공사비를 지원받을 수 있게 되었다.

인용문헌

국내문헌

강황선과 최병대(2001), 『서울시정의 로컬 거버넌스 도입 방안』, 서울시
　　정개발연구원 보고서.

김남시(1999), 「예술의 소통적 성격에 관한 연구」, 서울대학교 석사학위
　　논문.

김대환(1997), "참여의 철학과 참여민주주의", 참여사회연구소 편, 『참
　　여와 한국 사회』, 서울: 창작과 비평사.

김두환(2000), 「사회적 학습과정으로서 협력적 계획모형의 적용」, 서울
　　대학교 석사학위논문.

김득룡(2003), "개체성립과 탈형이상학", 이진우 편, 『하버마스의 비판
　　적 사회이론』, 서울: 문예출판사.

김동식(2002), 『프래그머티즘』, 서울: 아카넷.

김만흠(1997), "지방자치와 참여민주주의", 참여사회연구소 편, 『참여와
　　한국 사회』, 서울: 창작과 비평사.

김병수(2003), "도시공원 및 녹지제도 개선방안", 『국토』 259(0): 105 -
　　110.

김성균(2001), "주민 참여에 의한 마을마당설계", 『한국조경학회지』
　　29(3): 61 - 69.

김연금(2004), 「소통적 조경계획 및 설계에 관한 연구」, 서울시립대학교
　　조경학과 박사학위논문.

김연금·이규목(2004), "서울시청 앞 광장조성 관련 공론장에서의 의사
　　소통에 대한 비판적 검토", 『한국조경학회지』 32(5), pp.11 - 22.

김연금(2006), "조경에 있어서 대화의 중요성", 『국토』 299권, pp.81 -

59.

김연금·마기로(2007), "영국(英國) 공원개발에 있어서의 파트너십에 관한 연구", 『한국조경학회지』 35(2), pp.1 – 12.

김연금·마기로(2008), "The Role of Friends Groups in the Development and Management of Parks", 『Landscape Review(International Journal)』 12(2), pp.32 – 49.

김연금(2006), "영국에서의 주민 참여 – 대화의 기술이 필요하다", 『환경과 조경』 2006년 9월호.

김연금(2008), "커뮤니티디자인", 『환경과 조경』 2008년 1월호.

김영모(1988), "점증적 계획이론의 과제", 『대한부동산학회』 6: 55 – 63

김영민(1997), 『탈식민성과 우리 인문학의 글쓰기』, 서울: 민음사.

김영민(1999), 『지식인과 심층근대화』, 서울: 철학과 현실사.

김영민(1999), 『진리·일리·무리』, 서울: 철학과 현실사.

김정인(2000), 「하버마스의 담화이론의 이론적 구조와 구현에 관한 연구」, 서울대학교 박사학위논문.

김정호(2002), 「사건의 특성으로 본 외부 공간 해석방법」, 서울시립대학교 박사학위논문.

김재현(2000), "하버마스의 사상의 형성과 발전", 장춘익 외(2000), 『하버마스의 사상』, 서울: 나남출판, pp.1 – 33.

김찬호(1998), 「후기 산업 사회의 도시 재생과 주민 참여에 관한 연구 – 일본 토요나카시의 '마을만들기' 사례를 중심으로」, 연세대학교 박사학위논문.

김한배(1994), "실증적 환경 – 형태연구의 허와 실: '달과 손가락'", 『한국조경학회지』 21(4): 53 – 156.

김한배(1994), "공원인가, 제3의 공간유형인가?", 『환경과 조경』 6: 82 – 90.

김한배(2001), "삶의 도시경관 만들기", 『Journal of the KILA』 1: 102 – 110.

대한국토도시계획학회 편저(2003), 『도시계획론』, 서울: 보성각.

도시연대(2002), 『마을만들기 2000 + 2 – 마을만들기의 지속 가능성』.

도시연대(2004), 『주민자치센터와 마을만들기』.

도시연대(2008), 『엄마가 만드는 북촌 마을계획』.

문화연대 공간환경위원회(2002), 『문화도시 서울 어떻게 만들 것인가』, 서울: 시지락.

박정욱(2000), "우리 시대의 설계언어: 프랑스(15) - 피에르 도나디유, 경관의 창조적인 보전을 위하여", 『환경과 조경』 151: 58 - 61.

박형용(1990), "한국의 근대도시계획 형성", 『공간과 사회』 9호: 74 - 93.

배정한(2002), "논문: 다운스뷰파크 국제설계경기를 통해 본 조경설계의 새로운 전략", 『한국조경학회지』 29(3): 61 - 70.

배정한(1998), "조경이론으로서의 환경미학", 『한국조경학회지』 25(4): 89 - 106.

서도식(2002), 『생활세계와 철학』, 서울대학교 박사학위논문.

서울시(1997), 『양천구 마을마당 조성 기본 및 실시설계』.

서울시정개발연구원(2001), 『걷고싶은 거리 만들기 시범 가로 시행평가 및 향후 추진방향 연구』.

서인엔지니어링(1991), "쌈지공원 공원조성 기본계획", 『환경과 조경』 5 · 6월호: 120 - 125.

서인엔지니어링(1999), 『용산구 효창동 등 마을마당 조성 기본 및 실시설계』.

선우현(1998), 『합리성이론으로서 하버마스의 비판적 사회이론』, 서울대학교 박사학위논문.

선우현(1999), 『사회비판과 정치적 실천』, 서울: 백의.

선우현(2002), 『위기 시대의 사회 철학』, 서울: 울력.

소진광(2002), "지방자치와 지역발전의 연계", 『서울대학교 환경대학원 2002년 21세기 국가발전과 국토 환경에 대한 세미나 자료집』: 29 - 47.

시사저널(2003), "언론/밤엔 KBS, 낮엔 조선일보", 731: 55 - 56.

신화컨설팅(1998), 『성동구 행당동 등 마을마당 조성 기본 및 실시설계』.

신화컨설팅(1996), 『마을마당 조성 기본 및 실시설계』.

심익섭(2002), "지방화시대 주민직접 정책참여 활성화 방안", 『한 · 독 사회과학논총』 12(1): 71 - 97.

유주현(1999), "생활세계와 합리성", 한국현상학회 편, 『문화와 생활세계』, 서울: 철학과 현실사.

원구환(2001), "로컬거버넌스의 등장과 발전", 『한국정책학회 동계학술대회 자료집』: 7 - 26.

이규목(1988), "인간과 환경의 관계에 대한 현상학적 접근방법연구", 『대한건축학회논문집』 4(1): 35 - 45.

이규목(2002), 『한국의 도시 경관』, 서울: 열화당.

이상헌(2004), "도시 공공공간으로서의 광장", 환경과 조경 7월호: 140 - 143.

이석환(1998), 「도시가로의 장소적 연구」, 서울대학교 박사학위논문

이성우와 여상일(1999), "Critical Theory & Pragmatism in Planning Practice: Paradoxical Red - Herring or Orthdoxical Experience", 『지역사회개발연구』 24(2): 189 - 208.

이수장(1989), "계획이론에 있어 새로운 패러다임의 모색", 『지방행정연구』 4(4): 51 - 65.

장춘익 외(2000), 『하버마스의 사상』, 서울: 나남출판.

정규호(2002), 「지속 가능성을 위한 도시 거버넌스 체제에서 합의 형성에 관한 연구」, 서울대학교대학원 박사학위논문.

정병순(1997), "집합적 소비의 공급에 관한 계획이론적 해석", 한국공간환경학회 편, 『한국공간환경학회 제10회 정기학술대회 자료집』.

정태영(2000), 「컴퓨터를 활용한 주민 참여설계: 서울대학교 상록사 학생참여설계」, 서울대학교 석사학위논문.

정호근 외(1997), 『하버마스: 이성적 사회의 기획, 그 논리와 윤리』, 서울: 나남출판.

조경진(2002), "일상생활 속의 조경, 그리고 디자인으로서의 조경", 편집부 편, 『Landscape Architecture』, 서울: 담디, pp.8 - 15.

조경진(2003), "프레데릭 로 옴스테드의 도시공원관에 대한 재해석", 『한국조경학회지』 30(6): 26 - 37.

조남석(2002), "도시 소공원 조성에서의 조경설계에 대한 소고(小考)", 『환경과 조경』 3월: 70 - 75.

조동식(1977), 「도시재개발과 주민 참여에 관한 연구: 대구시 태평 5지

구를 중심으로」, 건국대 행정대학원 석사학위논문.

조혜정(1998),『탈식민지시대 지식인의 글 읽기와 삶 익기 3』, 서울: 또 하나의 문화.

진양교(1998), "브라이언트 공원의 문화적 해석",『LOCUS』1: 51 – 61.

차태욱(1993),「모더니즘 이후에 나타나는 조경의 새로운 흐름에 관한 연구」, 서울대학교 석사학위논문.

최갑수(2001), "서양에서 공공성과 공공영역",『제44회 전국역사학대회 발표요지』, pp.17 – 37.

최병두(2002), "자본주의 사회에서 장소성의 상실과 복원",『도시연구』 8호: 253 – 278.

최선주(1996), "일본의 주민 참가와 마치즈쿠리",『시민교통』준비 4호: 4 – 11.

최재필(1994), "환경 – 행태 연구 학도의 고백",『한국조경학회지』 21(4): 166 – 170.

한국도시연구소(1999),『커뮤니티 개념을 도입한 도시정비 활성화 방안 』, 대한주택공사 보고서.

한국도시연구소와 열린사회시민연합(2002),『주민자치센터 운영길라잡 이 2』.

행정자치부(2000),『읍·면·동사무소 기능전환 기본계획』.

홍형순과 김신원(2000), "조경사례비평 서울시내 주요 쌈지공원",『환경 과 조경』7월호: 54 – 59.

황기원(2004), "좋은 시작, 거친 과정, 나쁜 결과", 도시연대 기관지『걷 고싶은 도시』5·6월호: 10 – 13.

외국문헌

野村一夫(2003), リフレクション – 社會學的な感受性へ: 新訂版, 文化 書房博文社.

Al – Kodmany, K.(1999), "Using Visualization Techniques for Enhancing Public Participation in Planning and Design: Process,

Implementation, and Evaluation," Landscape & Planning 45: 37 – 45.

Andersson, Thorbjörn(2000), "Every Space Has a Place", in Urban Squares, Belin: CALLWEY, pp.112 – 120.

Arnstein, S.(1969), A Ladder of Citizen Participation, Journal of the American Institute of Planners 8(3): 216 – 224.

Argris, C. and Schön, Donald A.(1974), Theory in Practice: Increasing Professional Effectiveness. San Francisco: Jossey – Bass.

Armstrong, J.(1993), Making Community Involvement in Urban Regeneration Happen; Lessons from the United Kingdom, Community Development Journal, 28(4), 355 – 361.

Austin, J.(1965), How to Do Things With Words, New York: Oxford University Press.

Balfour, Alan(1999), "What is Public in Landscape?", in Recovering Landscape, ed. James Corner, New York: Princeton Architecture Press.

Barber, A.(1993), The Role of the Community in Protecting Public Parks, Paper presented at the National Student Conference for Landscape Architecture, Manchester Metropolitan University, Spring School.

Beck, Ulrich(1995), Ecological Politics in an Age of Risk, London: Plity Press.

Bhutta, Mubeen(2005), Shared Aspirations: the roles of the voluntary and community sector in improving the funding relationship with government, National Audit Office.

Bishop, J. et al.(1994), Community Involvement in Planning and Development Processes, London, HMSO.

Berrizbeitia, Anita(2001), "Scales of Undecidability", in Downsview Park Toronto, New York: PRESTEL.

Berque, Augustin(1993), "Beyond The Modern Landscape", AA Files 25: 33 – 37.

Beveridege, Charles(1989), "Frederick Law Olmsted" In American Landscape Architecture: Designers and Places. ed. Tishler William H, Washington D.C.: Preservation Press.

Brookfield, Stephen D.(1986), Understanding and Facilitating Adult Learning, San Francisco: J제공sey – Bass.

Brown, Kyle D.(2002), Landscape Architecture and Social Responsibility, Ph. D Dissention, University of Massachusetts Amherst.

Burns, Jim(1986), "The How or Creativity: Scores & Scoring", in Lawrence Halprin: Changing Places, eds. Henry T. Hopkins, San Francisco: San Francisco Museum Art.

CAG(Comptroller and Auditor General)(2006), Enhancing Urban Green Space, London: ODPM.

CABESpace and Green Space(2004), Making a Difference(Reading, Green Space Forum Ltd).

Campbell, B.(1993), Goliath, London: Methuen.

Comprtoller and Auditor General(2006), Enhancing Urban Green Space, Office of the Deputy Prime Minister.

Curry, N.(2000), Community Participation in outdoor Recreation and the Development of Millennium Greens in England, Leisure Studies, 19(1), 17 – 35.

Checkoway, Barry(1984), "Two Types of Planning in Neighborhoods", Journal of Planning Education and Research 3: 22 – 34.

Comerio, Mary(1984), "Community Design: Idealism and Entrepreneurship" Journal of Architecture and Planning Research 1: 227 – 243.

Corner, James(1997), "Ecology and Landscape as Agents of Creativity," in Ecological Design and Planning, eds. George F. Thompson and Frederick R. Steiner, New York: John Wiley & Sons.

Cranz, Galen(1982), The Politics of Park Design: A History of Urban Parks in America, Massachusetts: MIT Press.

Crewe, Katherine(1997), Landscape Architecture and Citizen Participation,

Ph. D Dissertation, University of Massachusetts Amherst.

Davidoff, Paul(1969), "Advocacy and Pluralism in Planning", American Institute of Planning Journal 31: 305 – 322.

Davison, S.(1998), Spinning the Wheel of Empowerment, Planning, 1262, 3 April: 14 – 15.

DETR(Department of the Environment, Transport and the Regions)(1997), Involving Communities in Urban and Rural Generation: A Guide for Practitioners, London, DETR.

DETR(Department of the Environment, Transport and the Regions)(1999), A Better Quality of Life: A Strategy for Sustainable Development for the UK(Cm 4345), London: DETR.

DoE(Department of the Environment)(1994), Sustainable Development: the UK Strategy(Cm 2426), London: HMSO.

Donadieu, Pierre(2000), La Société paysagiste, ACTES SUD/ENSP.

Dunnett, N., Swanwick, C. and Woolley, H.(2002), Improving Urban Parks, Play Areas and Green Spaces, London: DTLP.

Duxbury. G(2002), "Groundwork at 21", Landscape Design 306: 21 – 24.

Ellin, Nan(1995), Postmodern Urbanism, Cambridge: Blackwell.

European Commission(EC)(1997), Community Involvement in Urban Regeneration: Added Value and Changing Values(Luxembourg, European Communities).

Fainstein, Susan S.(2000), "New Directions in Planning Theory", Urban Affairs Review 35(4).

Ferry, Luc, Homo Aesthetics, 방미경 역(1990), 『미학적 인간』, 서울: 고려원.

Ferry, Luc & Renaut, Alain, La Pensée 68, 구교찬 외 역(1993), 『68사상과 현대 프랑스 철학』, 서울: 인간사랑.

Filor, Seamus W.(1994), "The Nature of Landscape Design and Design Process", Landscape and Urban Planning 30: 121 – 129.

Fischer, Frank(2000), Citizens, Experts, and the Environment, London:

Duke University Press.

Flyvbjerg, Bent(2001), Making Social Science Matter, Cambridge: Cambridge University Press.

Forester, John(1980), "Listening: The Social Policy of Everyday Life", Social Praxis 7 – 3/4: 219 – 232.

Forester, John(1981), "Question and Organizing Attention: Toward a Critical Theory of Planning Administrative Practice", Administration and Society 13: 161 – 206.

Forester, John(1982), "Understanding Planning Practice: An Empirical, Practical and Normative Account", Journal of Planning, Education and Association 1(2): 59 – 71.

Forester, John(1983), "Learning from Practical the Priority of Practical Judgment", in The Argumentative Turn In Policy Analysis And Planning, eds. Frank Fischer and John Forester, Durham and London: Duke University Press.

Forester, John(1988), "Critical Theory and Planning Practice" in Critical Theory and Public Life, ed. John Forester, Massachusetts: The MIT Press, pp.202 – 230.

Forester, John(2001), The Deliberative Practitioner, Massachusetts: The MIT Press.

Foucault, Michel(1983), "The Subject and Power" in H. Dreyfus and P. Rabinow. eds. Michel Foucault: Beyond Structuralism and Hermeneutics. Second Edition. Chicago: The University of Chicago Press.

FROG(Future Regeneration of Grangetown)(2004), FROG Community Regeneration Forum 2003/04 Annual Report, Middlesborough: FROG.

Greenhalgh, L. and Worpole, K.(1996), People, Park and Cities: A Guide to Current Good Practice in Urban Parks, London: HMSO.

Griffin, E. M.(2000), Communication Theory, New York: Mc Graw Hill.

Habermas, Jürgen(1981), "Modernity Versus Postmodernity", New

German Critique 22, Winter.

Habermas, Jürgen(1981b), Kleine politische Schriften(1 − 4), Suhrkamp Verlag.

Habermas, Jürgen(1984), The Theory of Communicative Action 2, Beacon Press.

Habermas, Jürgen(1988), "Modern and Postmodern Architecture", in Critical Theory and Public Life, ed. John Forester, Massachusetts: MIT Press, 317 − 330.

Habermas, Jürgen(1985), Die Neue Unübersichtlichkeit, Suhrkamp.

Habermas, Jürgen, Struckturwandel der öffentlichkeit: Untersuchungen zu einer Kategorie der Bürgerlichen Gesellschaft, 한승완 역(1990), 『공론장의 구조변동』, 서울: 나남출판.

Habermas, Jürgen, Theorie des Kommunikativen Handelns, 서규환 외 역(1995), 『소통행위이론 1』, 서울: 의암출판.

Habermas, Jürgen(2002), "Postscript" in Habermas and Pragmatism, eds. Mitchell Aboulafia, Myra Bookman and Catherine Kemp, London and New York: ROUTLEDGE.

Halprin, Lawrence(1969), The RSVP Cycles, New York: Geroge Braziller, Inc.

Hamdi, Nabeel & Goethert, Reinhard(1997), Action Planning for Cities Action Planning, New York: John Wiley & Sons.

Hare. R and Neilsen, J. B.(2003), Landscape and community: Public involvement in Landscape Projects, Danish Centre for Forest, Landscape and Planning.

Healey, Patsy(1994), "Planning Through Debate" in The Argumentative Turn in Policy Analysis and Planning, eds. Frank Fischer and J. Forester. Durham, NC: Duke University Press.

Healey, P.(2006), Collaborative planning: Shaping places in fragmented societies, London: Macmillan.

Hester, T. Randolph(1999), "A Refrain with a View", Places: A Forum of Environmental Design 12(2): 12 − 25.

Hines, Susan(2002), "Preaching the Gospel of Place", Landscape Architecture 3: 84 – 85.

Hood, Walter(1997), Urban Diaries, Washington D.C.: Spacemaker Press.

Hopkins, Henry T. ed.(1986), Lawrence Halprin: Changing Places, San Francisco: San Francisco Museum Art.

Horkheimer, Max(1968), "Der Sieg der Instrumentellen Vernunft", Gesammelte Schriften 14. Fischer Verlag.

Horkheimer, Max and Adorno, Theodor W., Dialektik der Aufklärung: Philosophicla Fragmente, 김유동 외 역(1995), 『계몽의 변증법』, 서울: 문예출판사.

Howard/Stein – Hudson Associates(1994), Innovations in Public Involvement for Transportation Planning.

Innes, Judith E.(1995), "Planning Theory's Emerging Paradigm: Communicative Action and Interactive Practice", Journal of Planning Education and Research 14(3): 183 – 189.

Innes, Judith E.(1998), "Information in Communicative Planning", Journal of the American Planning Association 64: 52 – 63.

Innes, Judith E. and Booher, David E.(1999), "Consensus Building and Complex Adaptive Systems", Journal of American Planning Association 65(4): 412 – 423.

Johnson, Jory(1991), Modern Landscape Architecture, New York: Felice Frankel.

Johnson, Jory(1999), "Timeline of American Landscape Architecture: 1960 to 1969", Landscape Architecture 99(7): 86 – 87.

Johnson, Jory(1999), "Timeline of American Landscape Architecture: 1980 to 1989", Landscape Architecture 99(9): 112 – 113.

Jones, Stanton(1999), "Participation and Community at the Landscape Scale", Landscape Journal 18(1): 65 – 78.

Kapper, Thomas and Chenoweth, Richard(2000), "Landscape Architecture and Societal Values: Evidence from the Literature", Landscape Journal 19(1/2): 149 – 155.

Lai, M.(2002), Community Involvement in the Restoration of Historic Urban Parks, the University of Sheffield, UK, unpublished PhD Thesis.

Luz, F. and Weiland, U.(2001), "Wessen Landscahft Planen Wir?", Naturschutz und landschaftsplanung 33(2/3): 69 – 76.

Margerum, R. D & Born, S. M(1995), Integrated Environmental Management – moving from theory to practice, Journal of Environmental Planning and Management 38(3): 371 – 392.

McCarthy, T.(1985), "Reflection on Rationalization in the Theory of Communicative Action", in Habermas and Modernity, ed. R. J Berstein, Massachusetts: MIT Press.

Mitchael, Don and Deusen, Richard Van(2001), "Downsview Park: Open Space of Public Space?", in Downsview Park Toronto, ed. Julia Czeniak, New York: PRESTEL.

Morris, Samuel Eames, Pragmatic Naturalism, 조성술과 노양진 역(1999), 『실용주의』, 광주: 전남대학교 출판부.

NEW(Northern Environment Workshop)(2003), Waverley Doorsteps Green Project Preparation Plan. Newcastle City Council.

Newcastle City Council(2004), Autumn Revisited: Re – Evaluation Use and Perceptions of Leazes Park, Newcastle City Council.

Ockenden, N. and Moore, S.(2003), Community Networking Project Final Report, Reading: Green Space Forum Ltd.

ODPM(Office of the Deputy Prime Minister)(2006), Enhancing Urban Green Space, London: TSO.

The Parks Agency(2006), Doorstep Greens case Studies, Cheltenham: the Countryside Agency.

Potteiger, Mattehew and Purinton, Jamie(1998), Landscape Narratives: Design Practices for Telling Stories, New York: John Wiley & Sons, Inc.

Putnam, Robert(1993), "The Prosperous Community: Social Capital and Public Life," The American Prospect 13(spring): 35 – 42.

Relph, Edward(1976), Place and Placelessness, London: Pion.

Roe, Maggie H. & Rowe, Maisie(2000), "Community and the Landscape Professional", in Landscape and Substantiality. eds. John F. Benson and Maggie H. Roe, London: SPON PRESS, pp.235 – 263.

Roe, Maggie H.(2000), "The Social Dimensions of Landscape Sutainability" in Landscape and Substantiality. eds. John F. Benson and Maggie H. Roe, London: SPON PRESS, pp.52 – 77.

Roe, M. H.(2000b), Landscape Planning for Sustainability: community participation in Estuary Management Plans, Landscape Research 25(2): 157 – 181.

Rowe, Maisie and Wales, Andy(1999), Changing Estates: A Facilitator's Guide to Making Community Environment Projects Work, London: Groundwork Hackney.

Sager, Tore(1994), Communicative Planning Theory, Aldershot, I UK: Avebury.

Salamon, L. M., Sokolowski, S.W. and List, R.(2003), Global civil society: an overview(Baltimore, MD, The John Hopkins University Institute for Policy Studies).

Sanoff, Henry(2000), Community Participation Methods in Design and Planning, New York: John Wiley&Sons, Inc.

Schön, Donald A.(1983), The Reflective Practitioner: How Professionals Think in Action, New York: Basic Books.

Schön, Donald A.(1986), "Toward a New Epistemology of Practice", in Strategic Perspective of Planning Practice, ed. B. Chekoway, Lexington: Lexington Books.

Schine, J.(1990), "A Rationale for Youth Community Serve." Social Policy 20: 5 – 11.

Schneekloth, Lynda H. and Shibley, Robert G.(2000), "Implacing Architecture into the Practice of Placemaking", Journal of Architecture Education 53/3: 130 – 140.

Seamon, D.(1984), "A Phenomenology of Lifeworld and Place", Phenomenology + Pedagogy vol.2(2): 130 − 135.

Sharp, L.(2002), Public Participation and Policy: unpacking connections in one UK Local Agenda 25, Local Environment 7(1): 7 − 22.

Shinhaw Consulting(2007), Environment & Landscape Architecture of Korea 228: 142 − 149.

Sibley, p.(1998), The sustainable Management of Green Space, Reading, Institute of Leisure and Amenity Management.

Sommerville, Shiona L.(2000), Communicating Landscape Architecture, A Thesis Presented to the Faculty of Graduate Studies of The University of Guelph.

Southern Green Ltd.(2005), Street Design Awards 2005 Submission Category 4: Urban Green Space, Newcastle City Council.

Swaffield, Simon(2002), "Social Change and the Profession of Landscape Architecture in the Twenty − Fist Century", Landscape Journal 21(1 − 02): 183 − 189.

Thompson, Ian H.(1999), Ecology, Community and Delight, London: E&FNSPON.

Thompson, J. William(1986), "Hester's Progress", Landscape Architecture 86(4): 75 − 79, 97 − 99.

Thompson C. W.(2005), Who Benefits from Landscape Architecture? in S. H. Harvey and K. Fieldhouse(eds.), The Cultured Landscape, New York: Routledge.

Turner, Jonathan H., The Structure of Sociological Theory, 정태환 외 역 (2001), 『현대사회학 이론』. 서울: 나남출판.

UNCED(United National Conference on Environment and Development)(1992), Agenda 21, Geneva: UNCED.

Walker, Peter and Simo, Melanie(1992), Invisible Gardens, Massachusetts: The MIT Press.

Wates, Nick(1998), The Community Planning Handbook, London: EARTHSCAN.

Weber, Max(1946), "Science as a Vocation", in From Max Weber: Essays in Sociology, eds. H. H. Gerth and C. W. Mills, New York: Oxford University Press.

Weber, Max(1971), Geammelte Politische Schriften, J. C. B. Mohr.

Weber, Max(1988), Gesammelte Aufsäze zur Soziologie und Sozialpolitik, J. C. B. Mohr.

Welsch, Wolfgang, Unsere Postmoderne, 박민수 역(2001), 『우리의 포스트모던적 모던 1』, 서울: 책세상.

Whyte, William H.(1980), The Social Life Small Urban Spaces, New York: Project for Public Spaces.

The World Economics Forum(2005), Building on the Monterrey Consensus: The Growing Role of Public – Private Partnerships in Mobilizing Resources for Development.

Wulz, Fredrik(1986), "The Concept of Participation", Design Studies 7(2): 153 – 162.

Young, S.(1996), Stepping Stones to Empowerment? Participation in the Context of Local Agenda. 30. Local Government Policy Making 22(4): 25 – 31.

Yu – Hung Hong(1998), Communicative Planning Approach Under an Undemocratic System, Hong Kong, Lincoln Institute of Land Policy Working Paper.

Zukin, Sharon(1995), The Cultures of Cities, Cambridge: Blackwell.

기 타

동아일보, 19997년 1월 5일.

동아일보, 2004년 3월 6일.

조선일보, 1997년 8월 31일.

한겨레신문, 1999년 4월 1일.

한겨레신문, 2004년 4월 25일.

『한겨레 21』 507호, 2004

Government news network, 22 December 2004.

http://www.charretteinstitute.org

http://www.countryside.gov.uk/LAR/Who/index.asp

http://www.dosi.or.kr

http://www.ecoclub.or.kr

http://www.eltis.org/studies/leda17.htm

http://www.groundwork.org.uk

http://web.mit.edu/wplp/home.htm

http://www.nrf.org/cpguide/

https://www.odpm.gov.uk

http://pps.org

http://www.setagaya－udc.or.jp/machisen

http://www.seoul.go.kr

http://www.sitatrust.org.uk

http://www.villagearts.org/m_about_us.html

http://www.un.org/esa/sustdev/documents/agenda21

김연금

▌약 력

김연금은 서울시립대학교에서 학부과정과 석사과정을 마쳤고 2004년 같은 대학교에서 '소통적 조경계획 및 설계에 관한 연구'라는 논문으로 박사학위를 받았다. 그 후 1년 동안 영국 뉴캐슬 대학교에서 박사후 연구원으로 머물며, 영국에서의 주민참여와 관련한 정책, 공간계획 및 설계를 공부했다. LG ENC, 조경설계서안, 인터조경기술사 사무소 등에서 일했으며, 현재는 '조경작업소 울'을 운영하며 이론과 현장, 쓰기와 그리기 사이를 오가며 작업을 하고 있다. 주요 관심사는 '커뮤니티' '소통' '조경의 사회적 측면'인데 그 중심에는 '일상에 밀착된 조경'이 있을 것이다.

저서로는 공동 집필의 '텍스트로 만나는 조경'이 있으며, 주요 논문으로는 '커뮤니티공간으로서의 어린이공원 조성에 관한 연구', '서울시청 앞 광장조성 관련 공론장에서의 의사소통에 대한 비판적 검토', '영국(英國) 공원개발에 있어서의 파트너십에 관한 연구', '공원 개발과 관리에 있어서 프렌즈그룹의 역할', '인사동 경관의 사회 구성론적 해석' 등이 있다. 2008년과 2009년에는 '우리는 누구나 놀이터가 필요하다' '우연한 풍경은 없다'라는 제목으로 <환경과 조경>이라는 잡지에 칼럼을 연재했다.

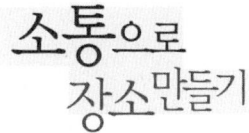

소통으로
장소 만들기

초판인쇄 | 2009년 9월 14일
초판발행 | 2009년 9월 14일

지은이 | 김연금
펴낸이 | 채종준
펴낸곳 | 한국학술정보㈜
주 소 | 경기도 파주시 교하읍 문발리 파주출판문화정보산업단지 513-5
전 화 | 031) 908-3181(대표)
팩 스 | 031) 908-3189
홈페이지 | http://www.kstudy.com
E-mail | 출판사업부 publish@kstudy.com

등 록 |
가 격 | 30,000원

ISBN   978-89-268-0367-7 03540(Paper Book)
        978-89-268-0368-4 08540(e-Book)